Die Wärmeverluste durch ebene Wände

unter besonderer Berücksichtigung des Bauwesens

Von

Dr.-Ing. Karl Hencky
Privatdozent an der Technischen Hochschule München

Mit 16 Abbildungen im Text und
9 Abbildungen im Anhang

München und Berlin 1921
Druck und Verlag von R. Oldenbourg

Vorwort.

Der Ruf nach Brennstoffersparnis und rationeller Wärmewirtschaft wird heute beherrscht von dem Streben nach Erzielung eines hohen Nutzeffektes für die Gesamtheit der Anlage, während bisher das Hauptaugenmerk auf der wärmewirtschaftlichen Durchbildung der einzelnen Teile einer größeren Kraftanlage gelegen hat. Ein verhältnismäßig vernachlässigtes Gebiet war dabei die Berechnung und die direkte experimentelle Bestimmung der Wärmeverluste an die Umgebung, weil diese für industrielle Anlagen vielleicht keine unbedingt ausschlaggebende Bedeutung haben. Zweifellos ist diesen Wärmeverlusten unter den heutigen schwierigeren wirtschaftlichen Bedingungen mehr und mehr Beachtung zu schenken.

Eine ganz überragende Bedeutung haben die Wärmeverluste an die Umgebung aber auf dem Gebiet des Bauwesens bei Beheizung unserer Wohnungen oder Kühlung von Vorratshäusern, denn hier dient die erzeugte Wärme nicht zur Leistung von mechanischer Arbeit, sondern lediglich zur Temperierung der betreffenden Räume und die ganze erzeugte Energie geht im Austausch mit der Temperatur der Umgebung restlos verloren. Die Sparsamkeit beim Brennstoffverbrauch im Bauwesen steht und fällt daher mit der Erzielung eines niederen Wärmebedarfes durch die bauliche Ausgestaltung und durch richtige konstruktive Wahl der Umfassungswände in wärmetechnischer Hinsicht.

Neben der Durchführung der Abwärmeverwertung steht deshalb die Berechnung der Wärmeverluste durch Wände im Vordergrund der Erörterungen. Das vorliegende Buch macht es sich zur Aufgabe, die Lösung dieser Frage anzubahnen und die bis heute vorliegenden wissenschaftlichen Grundlagen in systematischer Weise zur Darstellung zu bringen. Die in erster Linie für das Bauwesen angestellten Betrachtungen sind ohne weiteres auch auf jeden anderen Fall übertragbar, in dem es sich darum handelt, die einmal erzeugte Wärme oder Kälte vor Verlusten an die Umgebung zu schützen.

Bei der bisherigen Berechnungsweise des Wärmebedarfes bei Gebäuden ist der Hauptwert auf größte Einfachheit gelegt worden. Man hat sich im ganzen damit begnügt, für die üblichen Baukonstruktionen Erfahrungswerte aufzustellen und legte keinen Wert darauf, die allgemeinen Gesetzmäßigkeiten des Wärmedurchganges aufzufinden, die allein es ermöglichen würden, die früheren Erfahrungen auf Wände beliebiger Konstruktion, also auch auf neue Bauweisen zu übertragen. Es wird deshalb in diesem Buche für die Berechnung der Wärmeverluste durch ebene Wände eine Form gewählt, welche die allgemeinen Gesetzmäßigkeiten zum Ausgangspunkt der Erörterungen macht und eine systematisch-analytische Verwertung der Erfahrungen erzielen läßt. Für den grundsätzlichen Unterschied der beiden Berechnungsmethoden gibt es mehrere Beispiele aus dem Gebiet des Maschinenbaues und es erscheint nicht unangebracht, wenigstens einen Fall herauszugreifen, weil er, als der Vergangenheit angehörend, den Vorteil der neueren in diesem Buche vertretenen Anschauung am überzeugendsten zeigt.

Prof. Nägel[1]) bringt diese mit nicht zu übertreffender Klarheit in ungefähr folgenden Worten zum Ausdruck:

»Die Gesichtspunkte der konstruktiven Gestaltung der einzelnen Maschinenteile suchte Redtenbacher in einen gesetzmäßigen Zusammenhang auf Grund von Erfahrungswerten zu bringen, welche er in scharfsinniger Beobachtung für das Verhältnis der hauptsächlichsten Dimensionen zueinander gewann. Im Gegensatz hierzu richtete die Grashofsche Schule ihr Bestreben auf die prinzipielle mechanisch-physikalische Durchdringung der Arbeitsweise der Maschinen und des Verhaltens ihrer Baustoffe. Redtenbachers Lehre war an die damalige Stufe der ihr zugrunde gelegten Voraussetzungen gebunden. Sie geriet, nachdem sie überaus verdienstvoll gewirkt hatte, in demselben Maße in Vergessenheit, in dem die fortschreitende Erkenntnis von dem inneren Zusammenhang, der zwischen den einzelnen Abmessungen eines Maschinenteiles, den Eigenschaften seines Baustoffes und den auf den Maschinenteil wirkenden Kräften obwaltet, das nur in engen Grenzen zulässige Operieren mit Erfahrungswerten überholte. Grashof führte seine Darstellungen der theoretischen Maschinenlehre und der Elastizität und Festigkeit auf fundamentale Gesetze der Mechanik zurück und schuf damit Grundlagen der technischen Wissenschaft und des technischen Schaffens, deren Zuverlässigkeit sich im allgemeinen unabhängig von der Zeit erwies.«

Diese analytische Bearbeitung auch der Aufgaben der Wärmeübertragung, welche den Traditionen des Laboratoriums für technische Physik an der Technischen Hochschule in München entspricht, kommt daher in vorliegendem Buch auf die Wärmeverlustberechnung ebener Wände konsequent zur Anwendung. Entsprechend dem gegenwärtigen Stand wissenschaftlicher Forschung, beschränkt sich der Inhalt des Buches auf die Darstellung der Wärmeverluste infolge der Durchlässigkeit der Wände für Wärme und Luft im Dauerzustand der Temperatur- und Druckverteilung. Sie bildet den Ausgangspunkt für die Berechnung des Wärmeaufwandes bei Dimensionierung der Heizungsanlagen und er-

[1]) Stimmen zur Hochschulreform 1920, S. 11, Verlag des Vereins deutscher Ingenieure, Berlin.

möglicht vor allem die vergleichende Beurteilung der verschiedenen Bauweisen bezüglich des Wärmebedarfes.

Diese vergleichende Betrachtung ist besonders vordringlich, weil sie entscheidend ist für die bereits heute vorzunehmende wärmewirtschaftlich richtige Auswahl der Bauweisen.

Wenn auch noch mancherlei experimentelle Erfahrungen ausstehen, so durfte aus Gründen einer rasch einsetzenden Beachtung brennstoffwirtschaftlicher Erwägungen bei den umfangreichen Siedlungsbauten mit der Herausgabe des vorliegenden Buches nicht länger gewartet werden. Außer Betracht bleiben mußte daher der mir persönlich erwachsende Nachteil, ein in der Entwicklung begriffenes Gebiet darstellen zu müssen, statt ein in jeder Hinsicht vollständiges Werk über ein weniger im Werden stehendes Fachgebiet vorlegen zu können.

In weitestgehender Weise wurde versucht, die Rechnung so einfach wie möglich zu gestalten. An mathematischen Kenntnissen ist kaum mehr erforderlich als auf Mittelschulen gelehrt wird. Besonderer Wert ist auf die Vermittlung eines vertieften Verständnisses der physikalischen Vorgänge und der allgemeinen Zusammenhänge gelegt. Ein Eingehen auf Einzelheiten und die Abkehr von einer nur einfache Verhältnisse vortäuschenden, summarischen Betrachtungsweise konnte es allein ermöglichen, viele für die Praxis wichtige Regeln abzuleiten.

Die Darlegungen des vorliegenden Buches sind zwar in erster Linie für die Kreise der Architekten gedacht, denen sie schon beim Entwurf ein Urteil über den Wärmebedarf der gewählten Bauformen ermöglichen sollen, ohne erst das Ergebnis kostspieliger und langwieriger Versuche abwarten zu müssen. Sie sollen aber auch dem Heizungsfachmann zeigen, mit welchem Erfolge die Ergebnisse technisch-physikalischer Forschung für die Praxis verwertbar sind und sie sollen für eine die praktischen Erfahrungen wissenschaftlich zergliedernde Verarbeitung auch auf diesem Gebiete werben, die allein es ermöglichen wird, das Endziel — eine genauere Wärmebedarfsberechnung, die auf beliebige auch neue Bauweisen anwendbar ist — zu erreichen.

Das dem Buche beigefügte Zahlenmaterial entspricht dem heutigen Stande der Versuchstechnik, die aber fast jede Woche neue Erfahrungen bringt. Das Zahlenmaterial ist also noch nicht vollständig. Durch kritische Überarbeitung und Aufsuchen von Gesetzmäßigkeiten ist es trotzdem möglich gewesen, die Grenzen der Gültigkeit des vorliegenden Zahlenmateriales zu beleuchten und auch für bisher noch nicht geprüfte Stoffe vorläufig wenigstens Fingerzeige für die angenäherte Schätzung der Zahlen zu geben[1]).

[1]) Auf die Mängel des vorhandenen und noch unvollständigen Versuchsmaterials ist hingewiesen, um auch demjenigen die Einarbeitung in das Gebiet zu erleichtern, welcher in der Lage ist, selbst experimentelle Erfahrungen zu sammeln.

In einem ersten Teil sind die Gesetze der Wärmeübertragung in ihrer Anwendung auf ebene Wände für massive Mauern, für Luftschichten und beliebige Kombinationen aus ihnen eingehend dargelegt. Zahlreiche Beispiele aus der Praxis sollen die Verwendung der Formeln erleichtern helfen. Sie dienen gleichzeitig zur Ableitung praktischer Regeln für die Ausgestaltung der Baukonstruktionen und wärmetechnischer Richtlinien bei der Stein- und Isolierstofffabrikation.

Ein zweiter Teil behandelt die Gesetze des Luftdurchganges und zeigt insbesondere den großen Unterschied in der Luftdurchlässigkeit poröser Stoffe (Baustoffe) und Fugen (Fenster).

Ein dritter Teil bringt die Zusammenfassung der beiden zuerst einzeln behandelten Anteile am gesamten Wärmeverlust. Zum Schluß wird der Nachweis erbracht, daß die gewählte Berechnungsweie mit Versuchen gut übereinstimmt. Außerdem ist noch eine kurze Zusammenstellung von Richtlinien für die wärmetechnische Ausgestaltung der Bauweisen beigefügt.

Abgesehen wurde von der Beigabe eines Zahlenmaterials für bestimmte Wandkonstruktionen, weil heute noch nicht übersehen werden kann, welche Formen sich in technischer oder finanzieller Hinsicht als dauernd brauchbar bewähren werden.

Mit voller Absicht sollte die Bekanntgabe solcher Festwerte auch deshalb vermieden werden, weil dadurch ihre Verankerung im praktischen Gebrauch so begünstigt wird, daß die neueren, nach Erscheinen des Buches gewonnenen experimentellen Erfahrungen länger unberücksichtigt bleiben, als es dem technischen Fortschritt dienlich ist. Außerdem hätte eine solche Zusammenstellung eine große Anzahl von Figuren erfordert, die den Preis des Buches unzulässig erhöht hätten.

In einem Anhange sind zur Erleichterung für den rechnerischen Gebrauch die wichtigsten Gleichungen, Zahlentafeln und Diagramme zusammengestellt.

Zum Schlusse begrüße ich die mir gegebene Möglichkeit, Herrn Prof. Dr. Osc. Knoblauch aufs herzlichste zu danken, daß er mir die reichen Erfahrungen des Laboratoriums für technische Physik der Technischen Hochschule in München, der ich über fünf Jahre als Assistent angehört habe, zur Verfügung gestellt und mich beim Lesen der Korrektur mit wertvollen Anregungen unterstützt hat.

Auch der Verlagsanstalt gebührt besonderer Dank, welche die Herausgabe des Buches in ganz überraschend kurzer Zeit ermöglichte.

München, am 14. Dezember 1920.

Karl Hencky.

Inhaltsverzeichnis.

Einleitung.

§ 1. Die Brennstoffwirtschaft und ihre Forderungen an das Bauwesen.

Die ganz außerordentliche Kohlennot in Verbindung mit einem starken Ansteigen der Preise für Brennmaterialien aller Art sowie das Fehlen lebenswichtiger Stoffe zwingt unser ganzes industrielles und wirtschaftliches Leben zu wesentlich erhöhter Ausnutzung der uns jetzt und in Zukunft zur Verfügung stehenden Vorräte an Brennstoffen. Unter Brennstoff sind grundsätzlich alle Arten von Brennmaterialien zu verstehen, also Kohle, Torf und auch Holz. Da die Berücksichtigung brennstofftechnischer Grundsätze keine Augenblickserscheinung sein soll, sondern dauernd beizubehalten ist, ist der Hinweis, daß alle, auch die leichter beschaffbaren Brennstoffe wie z. B. Holz gleich sparsam zu verwenden sind, vollauf berechtigt. Denn eine rationelle Brennstoffersparnis im allgemeinen Sinne erheischt eine Schonung unserer Waldbestände ebenso wie die der Kohlenvorräte.

Bedenkt man nun, daß das Wohngebäude die verbreitetste Wärmeerzeugungs- und Wärmeverwertungsanlage darstellt, so muß es vom Standpunkt der Brennstoffwirtschaft aus oberstes Gesetz im Bauwesen werden, in weitgehendstem Maße für die Herabminderung des Brennstoffverbrauches Sorge zu tragen. Die große Bedeutung dieser Aufgabe geht auch klar aus der Tatsache hervor, daß z. B. in Bayern ungefähr 40 % der gesamten verheizten Brennstoffmenge für Hausbrandzwecke Verwendung findet. Neben den Grundsätzen der künstlerischen Gestaltung, der Festigkeit und der Hygiene sind daher in voller Gleichwertigkeit die Forderungen der Brennstoff- und Wärmewirtschaft zu verwirklichen. Nicht unerwähnt darf an dieser Stelle bleiben, daß die Einsparung an Brennstoff weit vordringlicher und für unseren industriellen Wiederaufbau wichtiger ist als die Einsparung an Baukosten. Wärmetechnisch wichtige Maßnahmen müssen also auch dann noch getroffen werden, wenn die Baukosten (Anlagekosten) sich erhöhen sollten, insoweit nur diese Erhöhung durch Einsparungen an Heizungskosten (Betriebskosten) wieder eingebracht wird.

Die Aufgaben im Bauwesen in wärmewirtschaftlicher Richtung sind dreierlei Art:

Die erste Aufgabe bezieht sich auf den Brennstoffbedarf zur Erzeugung der Baustoffe. Ihre Lösung führt zu Bauweisen, welche mit einem kleinstmöglichen Betrag von solchen Baustoffen auszukommen suchen, die zu ihrer Herstellung Brennstoffe verbrauchen.

Während sich diese erste Aufgabe auf eine Brennstoffersparnis bezieht, die für jedes Gebäude nur einmal erzielbar ist, handelt es sich bei den weiteren Gesichtspunkten um eine jährlich wiederkehrende Ersparnis.

Der zweiten Aufgabe liegt der Gedanke zugrunde, daß die zur Beheizung der Räume erforderliche Wärme mit einem möglichst hohen Nutzeffekt in den Feuerungsanlagen erzeugt und dadurch der Brennstoffbedarf eingeschränkt wird.

Für die Lösung dieser Frage ist im wesentlichen die Heizungstechnik zuständig und soweit es sich um sachgemäße Bedienung der Feuerungen handelt, auch jeder einzelne Hausbesitzer oder Wohnungsinhaber. Die Entscheidung in der Heizungsfrage ist ohne eingehende Kenntnisse nicht leicht zu treffen, und es ist daher jedermann vor Beschaffung von Heizungsanlagen zu empfehlen, eine unabhängige Beratungsstelle um gutachtliche Äußerung zu ersuchen[1]). Bei der Auswahl der Heizungsanlage soll nicht so sehr auf den Preis als vielmehr auf die einen hohen Nutzeffekt versprechende Konstruktion gesehen werden.

Weitaus den größten Schwierigkeiten begegnet die folgerichtige Durchführung der dritten Aufgabe. Sie besteht in der Forderung, durch bauliche Ausgestaltung der Häuser dafür zu sorgen, daß zur Beheizung überhaupt möglichst wenig Wärme erzeugt zu werden braucht. Denn die von den Heizapparaten abgegebene Wärme geht in vollem Betrage durch die Mauern an die Umgebung schließlich restlos verloren. Wenn also die den Wärmeverlust eines Hauses bestimmenden Verhältnisse sehr ungünstig sind, so führt es zu einer Wärmeverschwendung. An dieser Tatsache ändert es dabei nichts, wenn auch diese Wärme mit möglichst hohem Nutzeffekt erzeugt wird.

Es ist daher für jedes dauernde Beheizung erfordernde Gebäude ein ganz bestimmter Wärmeschutz erforderlich, welcher für den Wärmeverbrauch eine obere Grenze festlegt.

Man müßte nicht so viel Gewicht auf diesen Grundsatz legen, wenn nicht der Wunsch nach Erzielung geringer Baukosten und das Fehlen an Baumaterialien den Boden für Bauweisen ebnen würde, die unter Verwendung geringstmöglicher Mengen an Baustoffen eines ausreichenden Wärmeschutzes entbehren und Jahr für Jahr zu einer außerordent-

---

[1]) In Bayern hat die Landeskohlenstelle besondere Heizämter errichtet, die jedermann kostenlos Auskunft erteilen. Außerdem haben in den größeren Städten die einschlägigen Fachorganisationen Beratungsstellen geschaffen. (Heiztechnische Landeskommissionen für das Ofensetzergewerbe und der Verband der Zentralheizungsindustrie). Da diese die Ausführung der Arbeiten nicht selbst übernehmen, geben sie rein sachlichen und objektiven Rat.

lichen Brennstoffverschwendung führen. Selbst wenn unsere finanziellen Verhältnisse glänzend wären, müßte man aus volkswirtschaftlich ökonomischen und aus brennstoffwirtschaftlichen Gründen den die Beheizung verursachenden Kostenaufwand durch einen ausreichend niedrigen Wärmeverlust der Wände herabmindern.

Wie hoch diese Kosten sind, mag folgendes Beispiel näher zeigen. Ein Doppelhaus für zwei Familien verursachte im Frühjahr 1920 einen Baukostenaufwand von ungefähr M. 60000. Den beiden Familien werden zurzeit von den Kohleverteilungsstellen pro Jahr durchschnittlich je 30 Ztr. Kohle zugewiesen, wobei man sich bewußt ist, daß nach Erfahrungen in der Praxis diese Kohlenmenge nicht ausreichend bemessen ist. Nimmt man einen Preis von M. 15 pro Zentner, so betragen die Heizungskosten im Jahre M. 450 pro Familie. Rechnet man noch M. 200 für Holz hinzu, so treffen auf das ganze Haus jährlich M. 1300 Heizungskosten. Bei 50 Jahre Lebensdauer ergibt sich ohne Rücksicht auf Preisänderungen insgesamt eine Ausgabe für Beheizung von M. 65000, welche die Inwohner allmählich aufzubringen haben.

Vergleicht man ferner die Kohlemenge, welche zur Herstellung von 1 qm Mauerwerk erforderlich ist, mit der Kohlemenge welche pro Jahr, zur Deckung des Wärmeverlustes durch diesen qm verbrannt werden muß, so stellt sich durchschnittlich heraus, daß die in ein bis zwei Jahren zur Heizung erforderlichen Brennstoffmengen den zur Erzeugung des Baustoffes nötigen Mengen etwa gleichkommen.

Aus all diesen Betrachtungen geht klar hervor, daß der Verminderung des jährlich wiederkehrenden Kohleaufwandes eine erhöhte Bedeutung zukommt. Dabei fällt die Lösung der einen Teilaufgabe, die Verminderung des Wärmebedarfes überhaupt, dem Architekten, die der anderen, die Ausgestaltung der Heizanlage, dem Heizungsingenieur zu. Während man aber eine schlechte Ofenanlage später und ohne allzu große Kosten durch eine verbesserte Konstruktion auswechseln kann, ist die Verantwortung des Architekten eine ungleich größere. Denn ein zu geringer Wärmeschutz der Wände verursacht zu seiner Behebung bei nachträglicher Abhilfe einen ganz wesentlich höheren Kostenaufwand, als wenn er von vornherein vorgesehen ist.

Bei der Beurteilung der neuzeitlichen Bauweisen in wärmewirtschaftlicher Hinsicht ist daher mit in erster Linie der zur Beheizung erforderliche Wärmebedarf zu berücksichtigen. Die verwickelten Bauformen, zu welchen das Streben nach Baustoffersparnis geführt hat, und der Wunsch, auch bei einfachen Bauweisen mit kleinstmöglichen Wandstärken auszukommen, stellt hohe Anforderungen an die Methoden zur Berechnung des Wärmebedarfes. Ohne genaue Kenntnis der hier einschlägigen physikalischen Grundlagen kann daher eine Beurteilung in wärmetechnischer Hinsicht nicht vorgenommen werden.

Zusammenfassend[1]) darf man betonen, daß alle am Bauwesen interessierten Kreise das gleiche dringende Bedürfnis nach einer möglichst einwandfreien vergleichenden Beurteilung der Bauweisen in wärmetechnischer Hinsicht haben.

1. Die Architekten wünschen bereits beim Entwurf einer neuen Bauweise ein Mittel zu haben, um die wärmetechnisch günstigste auswählen zu können,
2. die Baufirmen wollen ihre Betriebe auf die Herstellung ganz bestimmter Bauweisen einstellen und dabei die Gewähr haben, daß diese einen genügend kleinen Wärmebedarf erzielen lassen,
3. die Behörden oder gemeinnützigen Siedlungsgesellschaften müssen in Wahrung der Interessen der Kohlenbewirtschaftung und der Bewohner allerhöchsten Wert auf wärmetechnisch richtige Wahl der Bauweisen legen.

Das vorliegende Buch hat es sich daher zur Aufgabe gestellt, gerade diese heute vordringlichste Aufgabe zu behandeln. Unter Benützung der neuesten Versuchsergebnisse auf dem Gebiete des Wärmeschutzes will es in möglichst einfachen Rechenverfahren das gesteckte Ziel erreichen.

§ 2. Physikalische Grundlagen der Wärmebedarfsberechnung.

Der gesamte Wärmebedarf eines Gebäudes setzt sich grundsätzlich aus zwei Einzelanteilen zusammen, von denen der eine jeglicher Berechnung unzugänglich ist, der andere jedoch mit Hilfe physikalischer Betrachtungen bestimmt werden kann.

Der genannte erste Teil kann als derjenige Wärmeaufwand definiert werden, welcher bei Öffnung der Fenster und Türen infolge des dadurch verursachten Luftwechsels entsteht. Dieser Teil am Wärmebedarf hängt von dem Rauminhalt der zu lüftenden Zimmer und von der Zeitdauer der Lüftung ab, er kann nur durch einen nach Erfahrungen bemessenen Zuschlag berücksichtigt werden. Für die vergleichende Betrachtung verschiedener Bauweisen kann dieser Anteil des Wärmebedarfes unbeachtet bleiben, weil er keinen Unterschied in der Bauweise selbst bedingt.

Der zweitgenannte Teil des Wärmebedarfes stellt die Wärme dar, welche bei Annahme von bestimmten Temperaturen innerhalb und außerhalb des Gebäudes durch die Wände und Fenster an die Umgebung abgegeben wird. Er setzt sich zusammen aus folgenden einzelnen Teilen:

1. dem Wärmeverlust durch die Wände infolge Wärmeleitung in denselben,
2. dem durch die Luftdurchlässigkeit hervorgerufenen Wärmeverlust,

[1]) Osc. Knoblauch - K. Hencky, Bayer. Industrie und Gewerbeblatt 1920, S. 11 und Gesundheitsingenieur 1920, S. 73.

3. dem Mehrbedarf bei besonders großem Windanfall und
4. dem Mehraufwand an Wärme, welcher in Betracht kommt, wenn kein dauernder, sondern ein unterbrochener Heizungsbetrieb vorliegt.

Grundlegend ist die unter 1. genannte Wärmemenge, welche durch die Außenwände des Hauses verlorengeht. Es ist dabei zu unterscheiden zwischen dem Wärmeverlust durch die festen Wandteile und dem durch die Fenster und Türen. Die wissenschaftliche Forschung hat sich daher auch zunächst fast ausschließlich dieser Frage zugewandt. Der Vorgang der Wärmeleitung ist für die vergleichende Beurteilung der verschiedenen Bauweisen vielfach der ausschlaggebende Faktor, wie im nachfolgenden noch näher gezeigt wird.

Als zweite Ursache von Wärmeverlusten war genannt die Luftdurchlässigkeit. Es ist auch hier wieder Unterscheidung zu treffen zwischen den festen Wandteilen und den Fenstern. Wie Berechnungen ersehen lassen, ist der Luftdurchgang und der dabei hervorgerufene Wärmeverlust durch die festen Wandteile sehr klein gegenüber demjenigen, welcher durch die Undichtheit der Fenster hervorgerufen wird.

Der unter 3. genannte Teil des Wärmebedarfes infolge erhöhter Luftdurchlässigkeit bei Windanfall steht im engen Zusammenhang mit der Luftdurchlässigkeit überhaupt. Ein Unterschied besteht hauptsächlich darin, daß hierbei wesentlich größere Druckdifferenzen auf beiden Seiten der Mauer auftreten als in dem unter 2. betrachteten Fall der natürlichen Lüftung.

Der unter 4. genannte Anteil am Wärmebedarf hängt von der in den Mauerwerksteilen aufgespeicherten Wärmemenge ab. Unterschiede in den einzelnen Bauweisen lassen sich durch die Dauer des Heizbetriebes ausgleichen, wie aus folgenden Erwägungen hervorgeht.

Denkt man sich z. B. eine Bauweise mit außerordentlich geringen Massen in der Wandkonstruktion, so wird wegen der kleinen in derselben aufgespeicherten Wärmemenge bei Stillsetzen der Heizung der Temperaturaustausch mit der Umgebung verhältnismäßig sehr rasch erfolgen, auch dann, wenn die Wärmeverluste gering sind. Anders verhält sich dagegen ein Haus mit großen Massen und großer aufgespeicherter Wärmemenge. Bei diesem erstreckt sich der Temperaturaustausch mit der Umgebung auf eine längere Zeit, weil die an die Außenluft abgegebene Wärmemenge durch die in den Mauerwerksteilen aufgespeicherte Wärme gedeckt werden kann. Diese Tatsache ermöglicht es, bei Gebäuden mit großer Wärmeaufspeicherung mit kürzeren Heizperioden ein Warmhalten des Hauses zu erreichen als bei solchen mit kleinerem Wärmespeicher.

Man könnte nun daraus schließen, daß deshalb bei der ersteren ein geringerer Gesamtwärmebedarf nötig ist als bei der letzteren. Dies ist aber nicht der Fall, weil die Wärme, welche bei Unterbrechung des

Betriebes in den Mauerwerksteilen zur Verfügung steht, während der Heizzeit selbst erzeugt werden muß, um von der Mauer aufgenommen zu werden. Der Unterschied ist also der, daß im ersten Fall eine längere Zeit mit mäßiger Intensität, im zweiten Fall eine kürzere Zeit aber stärker geheizt werden muß.[1]) Wird also der gesamte Wärmebedarf durch das Speicherungsvermögen der Wände voraussichtlich weniger beeinflußt, so ist dies anders bei Bestimmung der stündlichen Wärmeleistung, welche zur Dimensionierung des Ofens erforderlich ist. Sie wird um so größer, je größer die Wärmeaufspeicherung und je kürzer die Betriebszeit ist.

Es ist bis heute noch nicht genau genug bekannt, wie groß der Wärmebedaıf bei ein und demselben Gebäude ist, wenn dauernd geheizt wird oder wenn unterbrochener Heizbetrieb durchgeführt wird. Gar keine Unterlagen sind vorhanden, um zu beurteilen, wie weit dieser Unterschied im Wärmebedarf von der Größe der in den Mauern aufgespeicherten Wärme abhängt. Unterschiede zwischen den einzelnen Bauweisen sind also vorläufig nicht ableitbar[2]).

Um auf Grund von Wärmebedarfsberechnungen eine wärmewirtschaftliche Beurteilung der Bauweisen vornehmen zu können, muß man sich zunächst darüber klar sein, daß eine solche Wärmebedarfsberechnung verschiedenen Zwecken dienen kann:

1. Es soll die stündliche Wärmeleistung des Ofens oder der Heizanlage bestimmt werden.

Hierbei sind sämtliche genannte Einflüsse auf den Wärmebedarf zu berücksichtigen, insbesondere die Dauer des Heizbetriebes. Außerdem sind bei Berechnung des Wärmedurchganges die höchstvorkommenden Temperaturunterschiede und ungünstige Windverhältnisse zugrunde zu legen.

2. Es ist der Jahreswärmebedarf festzustellen.

Die Beantwortung dieser Frage erfordert gleichfalls die Berücksichtigung sämtlicher den Wärmebedarf beeinflussenden Größen. Abweichend von den bei 1. gemachten Annahmen, müssen für die Temperaturen und Windverhältnisse die tatsächlich vorkommenden Werte eingesetzt werden, welche aus meteorologischen Handbüchern zu entnehmen sind[3]). Die so erhaltenen mittleren Windstärken und mittleren Temperaturunterschiede sind wesentlich kleiner als im Fall 1. Die Wärmeaufspeicherung oder Dauer der täglichen Betriebszeit tritt an Bedeutung aus den früher genannten Gründen zurück. Man kann näherungsweise

---

[1]) Vergl. auch Gramberg, Heizung und Lüftung von Gebäuden. Jul. Springer, Berlin.

[2]) Für die weitere wissenschaftlich-technische Forschung bildet die Beantwortung dieser Frage ein besonders wichtiges Arbeitsgebiet, wie das experimentelle Studium der Anwärmungs- und Abkühlungserscheinungen überhaupt.

[3]) Siehe Fischer, Zur Frage der Bestimmung des Brennstoffverbrauches bei Zentralheizungsanlagen. Gesundheitsingenieur 1919, S. 509.

Dauerbetrieb voraussetzen, wobei der Einfluß der Wärmeaufspeicherung in Wegfall kommt.

3. Im dritten Fall soll Entscheidung darüber getroffen werden, welche unter verschiedenen zur Wahl gestellten Mauerkonstruktionen den geringsten Wärmebedarf erzielen lassen. Es handelt sich also um eine vergleichende Betrachtung in wärmetechnischer Hinsicht.

Für diese wärmetechnische Beurteilung einer Wand ist es ausreichend folgende Größen zu berücksichtigen:

a) Wärmeverlust durch die Wände infolge Wärmeleitung in denselben,

b) Wärmeverlust infolge von Luftdurchlässigkeit.

Um die allgemeine Lösung besonders dieser letzten Frage in systematisch einwandfreier Weise ausführen zu können ist daher im vorliegenden Buche im ersten Teile der »Wärmedurchgang« durch die Wände verschiedenster Bauart behandelt. Nach der Besprechung der für die einzelnen Bauelemente, wie massive Wände und Luftschichten, geltenden Gesetze ist die Berechnungsweise für beliebige Kombinationen dargelegt und an Beispielen erläutert. Neben der Beigabe eines sorgfältig gesichteten Zahlenmaterials sind auch allgemeine Regeln für die wärmetechnische Ausgestaltung der Baukonstruktionen abgeleitet.

In einem zweiten Teil ist die »Luftdurchlässigkeit« der Wände besprochen. Die Gleichungen zur Berechnung des Luftdurchganges und die bis heute vorliegenden Versuchszahlen gestatten leider noch keine sehr genaue Berechnung. Trotzdem konnte aber der Unterschied im Luftdurchgang durch Mauern und durch Fenster klargelegt werden; die durchgeführten Zahlenrechnungen stimmen der Größenordnung nach mit den wenigen bis heute vorhandenen experimentell gefundenen Zahlenwerten gut überein.

Im dritten Teil ist gezeigt, wie bei luftdurchlässigen Wänden die »Wärmebedarfszahl« berechnet wird. Diese umfaßt sowohl die Wärmedurchlässigkeit durch Leitung (Wärmedurchgang) als auch den Wärmeverlust infolge des Luftdurchganges. Die Bedeutung des letzteren konnte dadurch auch zahlenmäßig gezeigt werden.

Zum Schlusse sind noch Richtlinien für den ausreichenden Wärmeschutz der Gebäude zusammengestellt, welche im Auftrage der Bayerischen Landeskohlenstelle vom Verfasser ausgearbeitet wurden und sodann nach eingehenden Beratungen mit den daran interessierten Kreisen des Baugewerbes, des Heizungswesens usw. vom Landesbeirat für Hausbrand bei der bayer. Landeskohlenstelle gutgeheißen worden sind[1]). Sie sind als Mindestforderung in bezug auf die wärmewirtschaftliche Ausgestaltung der Gebäude anzusehen.

[1]) In einigen Punkten sind jene der bayer. Landeskohlenstelle vorgelegten Richtlinien in diesem Buche noch erweitert.

I. Teil.

Die Gesetze der Wärmeübertragung in ihrer Anwendung auf das Bauwesen.

§ 3. Grundgleichung des Wärmedurchganges.

Die Wärmeübertragung durch eine Wand geht auf folgende Weise vor sich:

Eine ebene Wand aus homogenem Material (Fig. 1) grenze auf beiden Seiten an Luft. Die Temperatur derselben auf der einen Wandseite sei t_1 °C, die auf der anderen Seite t_2 °C und es werde ferner angenommen, daß t_1 größer ist als t_2. Infolge dieser Temperaturdifferenz strömt eine Wärmemenge von der einen Seite durch die Wand hindurch auf die andere Seite, indem sie zunächst von der Luft an die Oberfläche der festen Wand übertragen, dann von Teilchen zu Teilchen der Wand durch diese hindruch geleitet und schließlich, an der gegenüberliegenden Oberfläche angelangt, wieder an die dort angrenzende Luft übertragen wird. Bezeichnet man die Wärmemenge mit Q, so geht in der Zeiteinheit (1 Std.) durch die Wand um so mehr Wärme hindurch, je größer die Fläche F derselben und je größer die Temperaturdifferenz $(t_1 - t_2)$ zwischen der Luft auf beiden Seiten der Wand ist. Ferner hängt die Größe der Wärmemenge noch ab von der Wärmedurchgangszahl, die mit k bezeichnet sei. Unter letzterer versteht man diejenige Wärmemenge, welche in 1 Std. durch eine Fläche von 1 qm hindurchgeht, wenn die Temperaturdifferenz der Luft auf beiden Seiten 1° C beträgt. Daher lautet die Gleichung für die in 1 Std. hindurchgegangene Wärme:

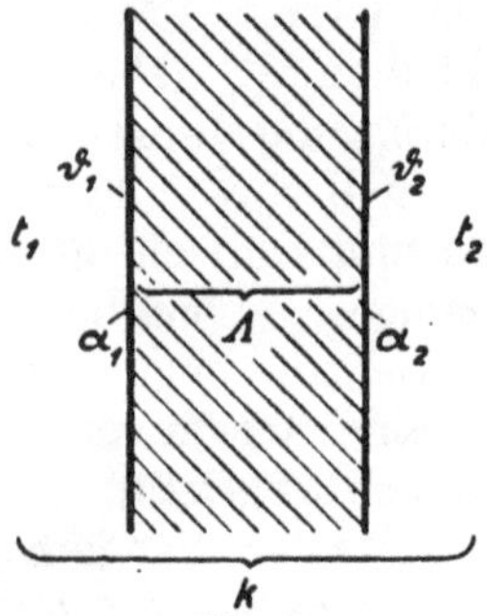

Fig. 1.

$$Q = k \cdot F \cdot (t_1 - t_2) \quad \ldots \ldots \quad (1)$$

Als Einheit der Wärmemenge gilt dabei die »Kilogramm-Kalorie« (kcal), d. h. diejenige Wärmemenge, welche 1 kg Wasser von Zimmertemperatur um 1° C zu erwärmen vermag.

Die eben genannte Formel kann man auch noch auf eine andere Weise auslegen, wenn man für den Wärmedurchgang die Vorstellung eines Wärmestromes zu Hilfe nimmt und ähnliche Begriffe einführt, wie sie z. B. bei der Wasserströmung vorkommen. Bei dieser ist die in der Zeiteinheit durch eine Rohrleitung strömende Wassermenge abhängig von der Differenz der Drücke am Ein- und Austritt des Wassers. Während des Durchströmens der Rohrleitung hat das Wasser auch Reibungswiderstände zu überwinden. Je größer dieselben sind, desto kleiner wird bei gegebener Druckdifferenz die Wassermenge. Ganz ähnlich lassen sich die Vorgänge bei einem Wärmestrom deuten. Der

Druckdifferenz entspricht hier der Unterschied der Temperaturen und für den Widerstand, der dem Wärmestrom entgegensteht, wollen wir die Bezeichnung K wählen, dann ist die in der Zeiteinheit hindurchgehende Wärmemenge Q umso größer, je größer die Fläche (der zur Verfügung stehende Strömungsquerschnitt) und je größer die Temperaturdifferenz ist. Die Wärmemenge wird aber um so kleiner, je größer der Widerstand K ist. Wir erhalten daher die Gleichung:

$$Q = \frac{F(t_1 - t_2)}{K} \quad . \quad . \quad . \quad . \quad . \quad . \quad . \quad . \quad (2)$$

Dabei ist also die Größe K der gesamte Wärmedurchgangswiderstand. Wollen wir nun die so gefundene Beziehung mit der früher erhaltenen Gl. (1) vergleichen, so findet man, daß die eine in die andere überführbar ist, wenn man

$$K = \frac{1}{k} \quad . \quad . \quad . \quad . \quad . \quad . \quad . \quad . \quad . \quad . \quad (3)$$

setzt. War also k die Wärmedurchgangs**zahl**, so kann man $\frac{1}{k}$ $(= K)$ als Wärmedurchgangs**widerstand** bezeichnen.

Die vorstehend gegebenen einfachen Ableitungen bezogen sich auf den gesamten Vorgang des Wärmeaustausches zwischen der Luft auf der einen Seite der Wand und derjenigen auf der anderen Seite. Es sollen nunmehr dieselben Überlegungen Anwendung finden auf die drei einzelnen Vorgänge der Wärmeübertragung, nämlich den Wärme**übergang** auf der einen Wandseite, den Wärme**leitungsvorgang** in der Wand selbst und den Wärme**übergang** auf der anderen Wandseite. Es sei noch folgende Bezeichnung eingeführt:

Die Oberflächentemperaturen auf den beiden Wandflächen seien mit ϑ_1 und ϑ_2 bezeichnet (siehe Fig. 1), ferner soll in ganz ähnlicher Weise wie die Wärmedurchgangszahl k der Begriff der Wärmeübergangszahl α eingeführt werden. Derselbe stellt dann die Wärmemenge dar, welche in einer Stunde von der Luft auf 1 qm der Wandfläche übertragen wird, wenn zwischen der Luft und der Oberflächentemperatur der Wand 1° C Unterschied besteht. Es ist ferner noch hervorzuheben, daß die Wärmemenge, welche auf der einen Seite in die Wand eindringt, auch auf der anderen an die Luft übertragen wird, so daß die Wärmemengen Q stets ein und dieselbe Größe haben. Für den Wärmeübergang auf der einen Wandseite gilt dann die Gleichung:

$$Q = \alpha_1 \cdot F \cdot (t_1 - \vartheta_1) \quad . \quad . \quad . \quad . \quad . \quad . \quad . \quad . \quad (4)$$

und für den Wärmeübergang auf der anderen Seite die ganz ähnliche Beziehung:

$$Q = \alpha_2 \cdot F \cdot (\vartheta_2 - t_2) \quad . \quad . \quad . \quad . \quad . \quad . \quad . \quad . \quad (5)$$

worin die Zahlen α_1 und α_2 die oben näher definierten Wärmeübergangszahlen auf beiden Seiten der Wand sind.

Zu den beiden Wärmeübergangsvorgängen kommt noch der Wärmeleitungsvorgang in der Wand selbst. Wir wählen für diese den Begriff einer Wärme **durchlässig**keitszahl Λ, die angibt, welche Wärmemenge in der Stunde durch 1 qm einer Wand hindurchgeht, wenn zwischen den beiderseitigen **Oberflächen**temperaturen ein Unterschied von 1° C besteht. Die hierfür geltende Formel lautet dann:

$$Q = \Lambda \cdot F \cdot (\vartheta_1 - \vartheta_2) \quad \ldots \ldots \quad (6)$$

Man schreibe nun die entwickelten drei Gleichungen in nachstehender Form:

$$Q \cdot \frac{1}{\alpha_1} = F\,(t_1 - \vartheta_1) \quad \ldots \ldots \quad (4a)$$

$$Q \cdot \frac{1}{\Lambda} = F\,(\vartheta_1 - \vartheta_2) \quad \ldots \ldots \quad (6a)$$

$$Q \cdot \frac{1}{\alpha_2} = F\,(\vartheta_2 - t_2) \quad \ldots \ldots \quad (5a)$$

Die Addition der drei Gleichungen ergibt dann:

$$Q\left(\frac{1}{\alpha_1} + \frac{1}{\Lambda} + \frac{1}{\alpha_2}\right) = F\,(t_1 - t_2).$$

Zum Vergleich zieht man nun die ursprüngliche Gl. (1) welche die drei Teilvorgänge zusammenfaßt heran:

$$Q \cdot \frac{1}{k} = F\,(t_1 - t_2) \quad \ldots \ldots \quad (1a)$$

und findet, daß die Übereinstimmung der Gleichungen nur dann möglich ist, wenn

$$\frac{1}{k} = \frac{1}{\alpha_1} + \frac{1}{\Lambda} + \frac{1}{\alpha_2} \quad \ldots \ldots \quad (7)$$

ist.

Bei der Erklärung der Wärmedurchgangszahl war gezeigt worden, daß die reziproke Größe $\frac{1}{k}$ als Wärmedurchgangswiderstand aufgefaßt werden darf. In ganz der gleichen Weise dürfen wir deshalb die reziproken Größen der Wärmeübergangszahlen $\frac{1}{\alpha_1}$, $\frac{1}{\alpha_2}$ als Wärmeübergangswiderstände und die Größe $\frac{1}{\Lambda}$ als den Wärmedurchlässigkeitswiderstand ansehen. Die Gl. (7) bringt daher folgendes Gesetz zum Ausdruck:

Der gesamte, einem Wärmestrom entgegentretende Wärmedurchgangswiderstand $\left(\frac{1}{k}\right)$ setzt sich als Summe aus den Einzelwiderständen $\left(\frac{1}{\alpha_1}, \frac{1}{\Lambda} \text{ u. } \frac{1}{\alpha_2}\right)$ zusammen.

Zur Unterscheidung der einzelnen angeführten Größen sei nochmals kurz hervorgehoben:

1. Die Wärmedurchgangszahl k bzw. der Wärmedurchgangswiderstand $\frac{1}{k}$ bezieht sich auf den gesamten Vorgang der

Wärmeübertragung von einem Raum durch eine feste Wand hindurch in einen zweiten Raum,

2. die Wärmeübergangszahl α bzw. der Wärmeübergangswiderstand $\frac{1}{\alpha}$ beschreibt denjenigen Teilvorgang, welcher in der Wärmeübertragung von der Luft auf die Wandoberfläche der festen Wand und umgekehrt gegeben ist.
3. die Wärmedurchlässigkeitszahl Λ bzw. der Wärmedurchlässigkeitswiderstand $\frac{1}{\Lambda}$ endlich beschreibt den Vorgang der Wärmefortleitung in der festen Wand allein.

Aus der Gl. (7) geht hervor, daß der Wärmedurchgangswiderstand $\frac{1}{k}$ stets größer ist als der Wärmedurchlässigkeitswiderstand $\frac{1}{\Lambda}$ oder auch daß k stets kleiner als Λ ist.

Bei Betrachtung des Vorganges der Wärmeleitung in der Wand selbst war es zur Ableitung der Grundgleichung nicht erforderlich eine bestimmte Konstruktion zugrunde zu legen. Im folgenden sollen hierfür nunmehr bestimmte Annahmen gemacht werden, um die Berechnung der Größe Λ vornehmen zu können.

§ 4. Die Wärmedurchlässigkeit einer massiven Wand.

a) Grundgleichung der Wärmedurchlässigkeit.

Man denke sich zunächst eine Wand aus homogenem Material von unendlicher Ausdehnung nach den Seiten hin und einer Dicke von 1 m, dann kann man die Wärmemenge, welche durch 1 qm dieser Wand von der Oberfläche der einen Seite zu der der anderen bei 1° C Temperaturdifferenz hindurchgeht, als eine spezifische Eigenschaft des Materials ansehen. Sie gibt ein Maß für dessen Wärmeleitvermögen. Die Wärmedurchlässigkeit dieser Wand von 1 m Stärke bezeichnet man als Wärmeleitzahl $\left(\frac{\text{kcal}}{\text{m st °C}}\right)$ und wählt hierfür den Buchstaben λ.

Der Wärmedurchlässigkeitswiderstand einer 1 m dicken Wand ist nach der früheren Betrachtungsweise daher $\frac{1}{\lambda}$. Besitzt die Wand eine Stärke von δ m, so ist der Wärmedurchlässigkeitswiderstand δ mal so groß, also $\frac{\delta}{\lambda}$, so daß man für eine homogene Wand die Beziehung anschreiben kann:

$$\frac{1}{\Lambda} = \frac{\delta}{\lambda} \qquad (8)$$

In ganz ähnlicher Weise berechnet sich die Wärmedurchlässigkeit einer Wand, welche aus verschiedenen Materialien besteht, die von der Wärme nacheinander zu durchdringen sind. Es bezeichne δ_1, δ_2, δ_3 usw. die Dicke der einzelnen Schichten, λ_1, λ_2, λ_3 usw. die Wärmeleitzahlen der betreffenden Materialien, dann ist der Wärmedurchlässigkeitswiderstand der ersten Schicht $\frac{\delta_1}{\lambda_1}$, derjenige der zweiten $\frac{\delta_2}{\lambda_2}$ usw. Der Durchlässigkeitswiderstand der ganzen Wand $\frac{1}{\Lambda}$ setzt sich in einfacher Weise aus der Summe der Widerstände der einzelnen Teile zusammen[1]) und es ergibt sich für den Wärmedurchlässigkeitswiderstand einer Wand aus mehreren hintereinanderliegenden Schichten die Gleichung:

$$\frac{1}{\Lambda} = \frac{\delta_1}{\lambda_1} + \frac{\delta_2}{\lambda_2} + \frac{\delta_3}{\lambda_3} + \cdots \qquad (9)$$

Die Benutzung der Gl. (9) setzt vor allem die Kenntnis der Wärmeleitzahlen der einzelnen Bauelemente voraus, worüber der folgende Abschnitt nähere Angaben enthält.

b) Die Wärmeleitzahlen der wichtigsten Baustoffe.

So einfach die Berechnungsweise der Wärmedurchlässigkeit auch ist, um so mehr Sachkenntnis und Erfahrung ist erforderlich, wenn die zahlenmäßige Auswertung für bestimmte Wände vorgenommen werden muß.

Die Wärmeleitzahlen für die einzelnen Stoffe sind nämlich keine für alle Verhältnisse konstante Zahlen, sondern abhängig von der Temperatur und vor allem von dem Gehalt an Feuchtigkeit.

α) Wärmeleitzahlen der Materialien in trockenem Zustand.

In der Tafel 1 (siehe Anhang Seite 109) sind für die verschiedenen Stoffe die Wärmeleitzahlen angegeben, und zwar gelten diese Zahlen für den trockenen Zustand. Die erste Abteilung enthält die Materialbezeichnung, die zweite das Raumgewicht in kg pro cbm, die dritte und vierte Spalte die Wärmeleitzahlen bei 0° C und 20° C.

Die nähere Betrachtung des Zahlenmateriales ergibt, daß die Wärmeleitfähigkeit unter sonst gleichen oder ähnlichen Verhältnissen mit dem Raumgewicht zunimmt. Diese Gesetzmäßigkeit, deren theoretische Ableitung in § 11 gegeben wird, kann man dazu benützen, um die Wärmeleitzahlen für diejenigen Stoffe zu schätzen, für welche keine Versuche vorliegen. Es sind daher in den Diagrammen Fig. 2—6 (siehe Anhang Seite 118 u. ff.) für verschiedene Stoffe in graphischen Schaubildern jeweils die Wärmeleitzahlen als Ordinaten und die Raumgewichte in Abszissen aufgetragen. Das letztere ist gewöhnlich durch Bestimmen der Abmessungen des Körpers und Wiegen desselben in einfacher Weise von jedermann feststellbar.

Aus den Versuchen bei trockenen Stoffen, deren Ergebnis Tafel 1 enthält, geht deutlich hervor, daß die Bezeichnung der Steinart im allgemeinen nicht genügt, um die Wärmeleitzahl richtig annehmen zu können. Die Bezeichnung des Materials hängt nämlich mit dessen

---

[1]) Die auf Seite 10 gegebene Regel für k gilt ganz allgemein.

wärmetechnischem Verhalten wenig zusammen, so gibt es z. B. Kalksandsteine mit $\lambda = 0{,}50$ bis zu 0,80 je nach dem Raumgewicht. Will man bei den Berechnungen aus Sicherheitsgründen von vornherein nicht mit dem höchsten Wert rechnen, so muß man sich in der Wahl des Fabrikates entscheiden, um ein bestimmtes Raumgewicht und damit die zutreffende Wärmeleitzahl annehmen zu können.

Für genaue Rechnungen muß die Schätzung der Zahlenwerte auf Grund des Raumgewichtes durch einen Versuch zur Ermittlung der Wärmeleitzahl ersetzt werden. Die beigegebenen Diagramme sind also nur für die annäherungsweise Bestimmung der Wärmeleitzahl brauchbar.

Im einzelnen enthält (Anhang):

Tafel 2 bzw. Fig. 2	die Wärmeleitzahl von Holzarten in Abhängigkeit von Temperatur und Raumgewicht.
Tafel 3 bzw. Fig. 3[1])	die Wärmeleitzahl hochporöser Steine (Schwemmsteine, poröse Ziegel) in Abhängigkeit von Temperatur und Raumgewicht.
Tafel 4 bzw. Fig. 4[1])	die Wärmeleitzahl von Kalksandsteinen in Abhängigkeit von Temperatur und Raumgewicht.
Tafel 5 bzw. Fig. 5	die Wärmeleitzahl von Kork und Faserstoffplatten (Isolierstoffe) in Abhängigkeit von Temperatur und Raumgewicht.
Tafel 6 bzw. Fig. 6	die Wärmeleitzahl von gebrannten Kieselgursteinen in Abhängigkeit von Temperatur und Raumgewicht.
Tafel 7	die Wärmeleitzahl von feuerfesten Steinen (für hohe Temperaturen).

Von Interesse ist es auch, die Veränderung der Wärmeleitfähigkeit von Materialien kennen zu lernen, die sowohl in loser Form als auch in Steinform (künstliche Steine) vorkommen. Wir erhalten aus den vorhandenen Zahlen folgende Zusammenstellung für trockene Materialien:

Material	Wärmeleitzahl bei $t = 20°$	Vergrößerung der Wärmeleitzahl durch die Verarbeitung
Kies	0,32	2,18 mal
Kies-Beton	0,70	
Schlacke	0,15	2,00 „
Schlackenbeton	0,25 — 0,30	
Bimskies	0,1 ∾ 0,12	2,2 „
Bimsbeton	0,25	
Hochofenschaumschlacke (Isolierbims)	0,07	2,14 „
Bimssteine	0,15	
Sägmehl	0,06	2,00 „
Zementholz	0,12	

[1]) Die Figuren gelten für Mauerwerk aus diesen Steinen.

Wenn auch keinerlei beweisbare Gesetzmäßigkeit besteht, so deutet die obige Zahlenreihe darauf hin, daß man ungefähr mit einer Verdoppelung der Wärmeleitzahl des losen Materials rechnen kann, wenn es durch Zement oder Kalkzusatz in Steinform gebracht wird. Dies gibt wenigstens einen Anhaltspunkt für die Wahl der Wärmeleitzahl in einzelnen Fällen, für welche der λ-Wert des Ausgangsstoffes bekannt ist.

Die Unterschiede bei den Wärmeleitzahlen für die Steine und das aus ihnen errichtete Mauerwerk beruhen auf dem Anteil des Mörtels am gesamten Wärmedurchgang. Dieser Anteil ist besonders groß bei Steinmaterial mit geringer Wärmeleitzahl wie Schwemmsteinen usw. Die Dicke der Mörtelfugen soll also möglichst klein sein (vgl. § 7b, S. 51).

β) Einfluß der Temperatur auf die Wärmeleitzahl.

In zahlreichen experimentellen Arbeiten ist festgestellt, daß die Wärmeleitzahl eines Materials mit der Temperatur zunimmt. Wie die Werte der Zahlentafeln 1—7 zeigen, ist diese Zunahme im allgemeinen klein und kann für die Verhältnisse im Bauwesen in den meisten Fällen vernachlässigt werden, weil man bei Berechnung des Wärmebedarfes mit ganz bestimmten Temperaturen zu rechnen pflegt und der Temperaturbereich sehr beschränkt ist. Bedenkt man ferner, daß die Baustoffe praktisch gar nicht in völliger Gleichmäßigkeit herstellbar sind, und daß dadurch die Wärmeleitzahlen für einen gleichnamigen Stoff selbst bei gleicher Temperatur große Verschiedenheiten zeigen, vgl. z. B. Tafel 4, so ist klar, daß die geringe Änderung der Wärmeleitzahlen mit der Temperatur im Bauwesen weniger wichtig ist.

Bei Wärmeverlustberechnungen industrieller Anlagen wie bei Dampfkesseleinmauerungen, Öfen für hohe Temperaturen muß dagegen der Temperatureinfluß beachtet werden. Für die in solchen Fällen zur Anwendung gelangenden Spezialbaustoffe sind die einschlägigen Zahlen in Fig. 6 und den Tafeln 6 und 7 enthalten.

γ) Einfluß der Feuchtigkeit auf die Wärmeleitzahl.

Von besonderem Einfluß auf die Größe der Wärmeleitzahl dagegen ist die Feuchtigkeit. Nach den bisherigen noch nicht sehr zahlreichen Versuchen über den Einfluß der Feuchtigkeit kann man bei Stoffen mit der Wärmeleitzahl $\lambda \sim 0{,}15 \frac{\text{kcal}}{\text{m st }^0\text{C}}$, also bei hochporösen Ziegeln, Schwemmsteinen usw. vorläufig angenähert annehmen, daß sich die Wärmeleitzahl mit jedem Volumenprozent Feuchtigkeit um 6—8% vergrößert. In Tafel 8 S. 112 sind die Ergebnisse der wenigen bisher bekannt gewordenen Versuche über den Einfluß der Feuchtigkeit mitgeteilt.

Um nun ein Urteil zu gewinnen, welche Feuchtigkeit in einem Mauerwerk vorhanden ist, muß man ihre Herkunft näher betrachten:

1. Die bei Errichtung des Mauerwerks notwendige, für das Abbinden nicht verbrauchte Wassermenge ist nicht zur vollständigen Verdunstung gelangt und daher ein Betrag an Feuchtigkeit in der Mauer verblieben, welcher einen gewissen Gleichgewichtszustand zwischen Mauerfeuchtigkeit und der Feuchtigkeit der umgebenden Luft darstellt. Charakteristisch für diese Feuchtigkeit ist, daß sie hauptsächlich im Mauerkern sitzt, während die Außenteile wesentlich trockener sind.

2. Von obiger Feuchtigkeit ist diejenige grundsätzlich verschieden, welche nach Errichtung der Mauer von außen eindringen kann, sei es infolge von Regen oder hoher Feuchtigkeit der umgebenden Luft. Diese Art Feuchtigkeit ist in ihrem Einfluß auf die Wärmeleitzahl der Stoffe bei den Versuchen, Tafel 9 Seite 113, unberücksichtigt geblieben.

Dauernd in der Mauer verbleibende Feuchtigkeit.

Für die wärmetechnische Betrachtung ist die unter 1. genannte dauernd vorhandene Kernfeuchtigkeit besonders wichtig, weil sie die Wärmeleitfähigkeit der Hauptmauermasse beeinflußt. Neben der Feststellung der Wärmeleitzahl des trockenen Materials ist daher die Kenntnis derjenigen der Mauer mit diesem »normal vorhandenen Feuchtigkeitsgehalt« erforderlich. Es ist aber dabei zu betonen, daß der Begriff »normal feucht« keine strenge Definition des Mauerzustandes darstellt.

Zur Messung der Wärmeleitfähigkeit von Wänden in diesem normal feuchten Zustand errichtet man größere Versuchsmauern von 4 und mehr qm Fläche in der normalen Mauerstärke und bestimmt deren Wärmedurchlässigkeit[1]). Bei diesen Versuchsmauern kann man ungefähr annehmen, daß sich der gleiche Feuchtigkeitszustand einstellt wie am fertigen Haus. Tafel 9 S. 113 enthält die bis heute vorliegenden Versuchsergebnisse.

Bei den genannten Versuchen zur Bestimmung der Wärmeleitfähigkeit geschieht die Feststellung des »normal feuchten« Zustandes indirekt, indem die Abnahme der Wärmedurchlässigkeit mit fortschreitender Austrocknung beobachtet wird. Ist die letztere bis zur praktisch möglichen Grenze gediehen, so ist auch die Wärmedurchlässigkeit konstant.

Bei einer anderen Versuchsmethode[2]) geschieht die Messung der mittleren Wandfeuchtigkeit direkt durch Wägung der ganzen Wand, so daß erstens der Austrocknungsprozeß genau während der Versuche verfolgt werden kann und daher zweitens der Einfluß der Feuchtigkeit

---

[1]) W. van Rinsum, Zeitschrift des Vereins Deutscher Ingenieure 1918, S. 601. Osc. Knoblauch-Raisch-Reiher, Bayerisches Industrie- und Gewerbeblatt 1919, S. 242 und Gesundheitsingenieur 1920, S. 607.

[2]) Das Verfahren wurde auf Anregung des Verfassers von Herrn Dipl.-Ing. Cammerer im Forschungsheim für Wärmewirtschaft, München, ausgebildet. Ausführlicher Bericht hierüber erscheint in wenigen Wochen.

auf die Wärmeleitzahl bestimmbar und endlich drittens die in der Mauer verbleibende mittlere Feuchtigkeit zahlenmäßig bekannt wird.

Messungen an einer Hohlsteinwand zeitigten interessante Ergebnisse (vgl. Tafel 9). Die Hohlsteinwand bestand aus Schlackenbetonsteinen im Format 50 × 25 × 23 cm mit je zwei fast quadratischen Öffnungen bei 5 cm starken Begrenzungswänden. Die hohlaufgemauerte Wand hat einen geringeren Gehalt an Feuchtigkeit, es verbleiben etwa 3,4 Volumenprozent Wasser in derselben. Eine zweite Mauer wurde mit Bimsbeton (Kalk : Bims = 1:8) ausgefüllt, wobei natürlich größere Wassermengen zur Herstellung der Mauer benötigt wurden. Der Verlauf der Feuchtigkeitsabnahme zeigte deutlich, daß ein Gehalt von ca. 17 Volumenprozent dauernd in der Mauer verbleibt. Da die Wärmeleitzahl infolge dieses Feuchtigkeitsgehaltes entsprechend groß ist, folgt die Unzweckmäßigkeit von Gußbauweisen gegenüber den aus einzelnen Platten und Steinen zusammengesetzten Mauern. Am trockensten werden Hohlbauweisen, wie auch Versuche[1]) an Hohlziegelmauerwerk (sog. Zellenwände) bewiesen.

Die Zahlen der Tafel 9 gelten für den etwa normal feuchten Zustand. Ein Vergleich dieser Wärmeleitzahlen mit denen bei trockenem Zustand ergibt den Zuschlag für die Feuchtigkeit. Diese Zuschläge kann man näherungsweise auf gleichartige Stoffen zur Anwendung bringen, für welche direkte Versuchszahlen bis heute noch nicht vorliegen. Die Eigenschaft der Gleichartigkeit ist dann gegeben, wenn die Porosität des Materials ungefähr dieselbe ist. Denn die Porosität oder der Luftgehalt gibt einen Anhaltspunkt für den Feuchtigkeitseinfluß wie auch für den Feuchtigkeitsgehalt im normalfeuchten Zustand. Es ist aber auch zwischen grobporigen und feinporigen Stoffen zu unterscheiden (vergl. § 11 S. 65) Bei der Schätzung solcher noch unbekannter Zahlen geht man dabei etwa so vor:

Tafel 9 gibt z. B. für eine Kalksandsteinmauer von 1650 kg/cbm eine Wärmeleitzahl von $\lambda = 0{,}80$ für den normal feuchten Zustand an. Im trockenen Zustand gibt Tafel 4 oder Fig. 4 für dieses Raumgewicht $\lambda = 0{,}53$. Die Erhöhung von λ infolge der Feuchtigkeit beträgt daher 51%.

Hätte man nun eine andere Kalksandsteinart von etwa 2000 kg/cbm, so müßte man die hierfür geltende Zahl $\lambda = 0{,}76$ (Tafel 4) vorläufig angenähert im selben Verhältnis erhöhen, also zu $\lambda = 1{,}15$ annehmen[2]).

Während über die mittlere Gesamtfeuchtigkeit von Mauerwerk die wenigen oben besprochenen aber noch nicht ausreichenden Messungen vorliegen, sind solche über das Eindringen der Feuchtigkeit von außen in größerer Zahl angestellt worden. Allerdings sind dabei mancherlei Gesichtspunkte unberücksichtigt geblieben, so daß die Übertragung der

[1]) W. van Rinsum, Zeitschrift des Vereins Deutscher Ingenieure 1918, S. 69.
[2]) Die genauen Zahlen sind noch nicht bekannt.

an sich wertvollen Erfahrungen nur mit gewissen Einschränkungen möglich ist.

Verhalten gegen Schlagregen.

Das Kennzeichen dieser Durchfeuchtungsmöglichkeit ist das Heranfliegen der Wasserteilchen und deren Geschwindigkeitsenergie. Die Tiefe des Eindringens dieses Wassers hängt ganz von dem Widerstand ab, den der Stein bietet. Großporige Steine haben geringen Widerstand, wie Versuche von Korff-Petersen[1]) gezeigt haben. Ist das Wasser so tief eingedrungen, daß seine Eigengeschwindigkeit zu Null geworden ist, so hängt das weitere Vordringen nur mehr von der Kapillarwirkung ab. Für diese ist grundlegend das im folgenden zu besprechende:

Verhalten gegen Aufsteigen der Bodenfeuchtigkeit.

Nach Versuchen von Korff-Petersen[1]) ergaben sich folgende Zahlen:

	Steighöhe in cm nach			
	1/4	1/2	3/4	4 1/4 Stunden
Kalksandstein .	1,4	1,7	2,2	4,0
Schwemmstein .	4,5	5,5	6,5	12,0
Zementstein . .	6,0	8,0	10,0	völlig durchtränkt
Ziegel, gelb . .	9,0	13,0	16,0	völlig durchtränkt

Großporige Steine, wie Schwemmsteine, saugen das Wasser weniger an, weil den weiten Lufträumen eine wesentliche Kapillarwirkung wohl kaum zugesprochen werden kann. Zementsteine und Ziegel scheinen danach besonders saugungsfähig.

Austrocknungsvorgang.

Dem Verbleiben der durch obige Einflüsse etwa eingedrungenen Feuchtigkeit in der Wand wirkt die Möglichkeit des Austrocknens entgegen. Man sollte nun vermuten, daß poröse Stoffe rascher und vollkommener austrocknen können als Materialien mit feinen Luftzellen, wie dies ja auch vielfach behauptet wird. Korff-Petersen hat auch in dieser Richtung Versuche angestellt, welche dies jedoch nicht bestätigen. Er fand, daß Schwemmstein, Kalksandstein, Zement- und Lehmsteine etwa nach 28 Tagen, Ziegel nach 17 Tagen keine weitere Feuchtigkeit mehr abgaben. Ferner stellte er fest, daß die Austrocknung der vorher völlig durchnäßten Steine eine vollkommene war. Diese letztere Feststellung steht in gewissem Widerspruch mit den oben mitgeteilten Erfahrungen an größeren Wänden, in denen eine bestimmte Feuchtigkeit dauernd verbleibt.

Diese Widersprüche geben Anlaß bei der Übertragung der Versuchsergebnisse an kleinen Proben auf größere Wände Vorsicht walten

[1]) Korff-Petersen, Zeitschrift für Hygiene und Infektionskrankheiten, Bd. 89, Seite 497.

zu lassen. Es dürfte sich vielleicht empfehlen, bei ähnlichen Versuchen, die ja aus Kostenersparnis kleinere Versuchsmauern erforderlich machen, nicht einzelne Steine, sondern kleine Wände (vielleicht von 1 qm Fläche) aufzustellen, vor allem aber die Seitenflächen wasser- und luftundicht zu machen, weil sonst die luftberührte Oberfläche und damit die Austrocknung eine wesentlich größere ist als in Wirklichkeit[1]). Auch dürfte die Dicke der Mauer für die Austrocknungsmöglichkeit stark beeinflussend sein. Sind bei sehr kleinen Materialproben die obigen Vorschläge nicht berücksichtigt, so wird selbstverständlich die Austrocknung vollkommen. Was die Feststellung der Trocknungszeit betrifft, so scheint es nicht ganz zweckmäßig, zuerst den völlig durchnäßten Zustand herzustellen. Denn es ist zweifelhaft, ob dieser bei allen Stoffen während der Herstellung der Mauer eintritt. Ist dies nämlich nicht der Fall, so geben die Versuche mit durchnäßten Steinen kein wirkliches Bild. Poröse Stoffe können bekanntlich mehr Wasser aufnehmen als dichte Materialien, demgemäß muß bei ersteren mehr Wasser verdunsten, wozu eine längere Zeit notwendig ist, auch bei sonst für die Trocknung gleich günstigen Verhältnissen. Da die Annahme völliger Durchfeuchtung wohl kaum zulässig ist, so erklären sich auf diese Weise die ganz anderen Verhältnisse in den Trocknungsvorgängen, welche bei kleinen Materialproben gegenüber großen Wänden gefunden wurden.

Die bisherigen Versuche reichen daher zur Klärung nicht aus und müssen bei verbessertem Untersuchungsverfahren wiederholt werden.

Überblickt man die bisher vorliegenden, auf Grund von Messungen gewonnenen Erfahrungen, so darf man wohl folgende Leitsätze als zutreffend annehmen:

A. In bezug auf die dauernd in der Mauer verbleibende Feuchtigkeit.

1. Gußbauweisen haben stets einen höheren Feuchtigkeitsgehalt als Steinbauweisen und sind daher unter sonst gleichen Verhältnissen wärmetechnisch ungünstiger,
2. Hohlsteinwände, insbesondere solche mit großen Lufträumen, werden fast völlig trocken.

B. In bezug auf die von außen eindringende Feuchtigkeit, welche zu obiger Feuchtigkeit noch hinzukommt:

1. Großporige Stoffe sind einer Durchfeuchtung bei Schlagregen mehr ausgesetzt als solche von dichterem Gefüge oder kleineren Poren[2]). Wenn auch die Trocknungsmöglichkeit bei ersteren eine günstigere ist, so dürfte die Trockenzeit nicht wesentlich verkürzt werden, weil mehr Wasser verdunstet werden muß.

---

[1]) Dies ist bei den auf S. 15 Fußnote 2 erwähnten Versuchen durchgeführt. Nur bei dieser Vorkehrung kann erwartet werden, daß der gleiche Gehalt an Feuchtigkeit sich einstellt wie bei einer großen Mauer.

[2]) Unter der Voraussetzung gleichen Saugungsvermögens (vergl. S. 17).

2. Gegen Aufsteigen der Bodenfeuchtigkeit bieten großporige Stoffe, wie Schwemmstein, größere Sicherheit. Das Verhalten der anderen Stoffe erscheint noch nicht genügend geklärt.
3. Für Innenwände kommt nur die unter A. genannte Feuchtigkeit in Betracht.
4. Außenwände mit gutem Wetterschutz (Schieferbelag, Holz u. dgl.) erreichen ebenfalls einen höheren Grad der Trockenheit als Wände ohne einen solchen.

c) Beispiele.

Die im nachfolgenden und in späteren Kapiteln gegebenen Zahlenbeispiele sollen nach zwei Richtungen hin ausgestaltet werden: Erstens sollen sie die Anwendung der Formeln erleichtern und die gegebenen Darlegungen lebendiger gestalten. Zweitens ist beabsichtigt, ein durch Rechnung anerzogenes Gefühl für den Einfluß der einzelnen Bestandteile auf den gesamten Wärmeschutz heranzubilden. Denn erst dann wird der Architekt frei und sicher in der Wahl seiner Konstruktionen. Es ist daher für jedes Beispiel der gesamte Wärmeschutz stets auch prozentual auf die einzelnen Bestandteile ausgeschieden:

a) Ziegelmauerwerk: etwa normal feucht:
λ Ziegelmauerwerk = 0,60 (Tafel 9),
λ Verputz = 0,70 (geschätzt).

1 Stein stark mit je $1\frac{1}{2}$ cm Verputz.

Aus
$$\frac{1}{\Lambda} = \frac{\delta \text{ Verputz}}{\lambda \text{ Verputz}} + \frac{\delta \text{ Ziegel}}{\lambda \text{ Ziegel}} + \frac{\delta \text{ Verputz}}{\lambda \text{ Verputz}}$$
folgt unter Beachtung der früher gewählten Maßeinheiten nach Einfügen der Zahlenwerte:
$$\frac{1}{\Lambda} = \frac{0{,}015}{0{,}70} + \frac{0{,}25}{0{,}60} + \frac{0{,}015}{0{,}70} = 0{,}022 + 0{,}417 + 0{,}022 = 0{,}461$$
$$= 4{,}8\% + 90{,}4\% + 4{,}8\% = 100\%$$
und daraus $\Lambda = 2{,}17 \frac{\text{kcal}}{\text{m}^2 \text{ st } {}^0\text{C}}$.

Die Zahlen in Prozenten bedeuten, wie oben auseinandergesetzt, die Einzelanteile am gesamten Wärmedurchlässigkeitswiderstand.

$1\frac{1}{2}$ Stein starke Ziegelmauer mit $1\frac{1}{2}$ cm starkem beiderseitigen Verputz:
$$\frac{1}{\Lambda} = \frac{0{,}015}{0{,}70} + \frac{0{,}38}{0{,}60} + \frac{0{,}015}{0{,}70} = 0{,}022 + 0{,}633 + 0{,}022 = 0{,}677$$
$$= 3{,}2\% + 93{,}6\% + 3{,}2\% = 100\%$$
und
$$\Lambda = 1{,}48 \frac{\text{kcal}}{\text{m}^2 \text{ st } {}^0\text{C}}.$$

2 Stein starke Mauer mit 1½ cm starkem beiderseitigem Verputz[1])

$$\frac{1}{\Lambda} = \frac{0{,}015}{0{,}70} + \frac{0{,}51}{0{,}60} + \frac{0{,}015}{0{,}70} = 0{,}022 + 0{,}850 + 0{,}022 = 0{,}894$$

$$= 2{,}5\% + 95\% + 2{,}5\% = 100\%$$

und

$$\Lambda = 1{,}12 \frac{\text{kcal}}{\text{m}^2\,\text{st}\,^0\text{C}}.$$

Bei Betrachtung der in Prozent gegebenen Zahlen erkennt man, daß der Verputz einen nur geringen Anteil am Wärmeschutz hat, und daß dieser mit der Mauerstärke abnimmt. Die Wahl der Art des Verputzes ist also ohne wesentlichen Einfluß auf den Wärmedurchgang, wohl aber ist er wichtig als Schutz vor starker Durchfeuchtung des Mauerwerks, für welches sonst unter Umständen eine größere Wärmeleitzahl eingesetzt werden müßte.

Wie später (§ 9) gezeigt werden soll, muß der Wärmedurchgang durch die 1½ Stein starke Ziegelmauer mit $\Lambda \sim 1{,}5 \frac{\text{kcal}}{\text{m}^2\,\text{st}\,^0\text{C}}$ als »normal« angesehen werden und darf für Wohngebäude nicht überschritten werden. Vielfach findet man aber in den obersten Stockwerken nur 1 Stein starke Mauern. Ist dies auch mit Rücksicht auf die Festigkeit zulässig und aus Gründen der Baustoffersparnis unbedingt nötig, so kann der erforderliche Wärmeschutz durch eine Wandauskleidung erreicht werden. Die Berechnung ist einfach: Es sei mit $\frac{1}{\Lambda_v}$ der vorhandene Wärmedurchlässigkeitswiderstand der 1 Stein starken Mauer bezeichnet, dann muß dieser um den Betrag $\frac{1}{\Lambda_f}$ der Wandauskleidung vermehrt werden, damit der normale kleinstzulässigste Widerstand $\frac{1}{\Lambda_n}$ der 1½ Stein starken Mauer wenigstens noch erreicht wird.

Der fehlende Wärmedurchlässigkeitswiderstand $\frac{1}{\Lambda_f}$ berechnet sich also als Differenz aus dem notwendigen $\frac{1}{\Lambda_n} = \frac{1}{1{,}5}$ und dem vorhandenen $\frac{1}{\Lambda_v} = \frac{1}{2{,}17}$. Es ist:

$$\frac{1}{\Lambda_f} \geqq \frac{1}{\Lambda_n} - \frac{1}{\Lambda_v} \geqq 0{,}677 - 0{,}461 \geqq 0{,}216.$$

[1]) Die Wärmeleitzahl von $\lambda = 0{,}60$ wurde bei einer 1½ Stein starken Mauer gefunden, es ist bisher nicht bekannt, ob nicht diese für die 2 Stein oder 1 Stein starke Mauer wegen eines möglichen anderen Feuchtigkeitsgehaltes zu verändern wäre.

Es muß also eine Wandauskleidung mit $\frac{1}{\Lambda_f} \geqq 0{,}216$ angebracht werden. Diese kann auf verschiedene Weise ausgeführt sein, z. B. durch eine Hochofenschwemmsteinschicht in der Stärke δ_x (da diese auf der Innenseite gelegen ist, kann trockener Zustand, also $\lambda = 0{,}24$, Tafel 1 S. 109, angenommen werden).

Es wird: $\frac{1}{\Lambda_f} = \frac{\delta_x}{0{,}24}$ und $\delta_x = 0{,}24 \cdot 0{,}216 \sim 0{,}052$ m. Es kann auch ein Belag aus Torfplatten ($\lambda = 0{,}05$) in der Stärke δ_y gewählt werden.

Es ist dann:

$$\frac{\delta_y}{0{,}05} = \frac{1}{\Lambda_f}\,; \quad \delta_y = 0{,}05 \cdot 0{,}216 = 0{,}011 \text{ m}.$$

Die aus technischen Gründen kleinstmögliche Stärke ist wohl 2,5—3 cm, es ergibt sich hiebei eine sehr kleine Wärmedurchlässigkeit

$$\frac{1}{\Lambda} = \frac{1}{2{,}17} + \frac{0{,}025}{0{,}05} \text{ bis } \frac{1}{2{,}17} + \frac{0{,}03}{0{,}05}$$

oder

$$\Lambda = 1{,}04 \text{ bis } 0{,}94 \ \frac{\text{kcal}}{\text{m}^2\text{st}\,{}^0\text{C}}$$

Man beachte hiebei die minimalen Wandstärken und den hohen Wärmedurchlässigkeitswiderstand von Stoffen mit geringer Wärmeleitzahl. Um z. B. die Wirkung der Torfplatten mit der von Ziegeln zu vergleichen, wäre zu setzen:

$$\frac{\delta \text{ Ziegel}}{\lambda \text{ Ziegel}} = \frac{\delta \text{ Torf}}{\lambda \text{ Torf}} \quad \text{oder} \quad \frac{\delta \text{ Ziegel}}{\delta \text{ Torf}} = \frac{\lambda \text{ Ziegel}}{\lambda \text{ Torf}}$$

Zur Erzielung einer bestimmten Wärmedurchlässigkeit durch verschiedene Stoffe müssen daher die Wandstärken im Verhältnis der Wärmeleitzahlen stehen, also ist eine 3 cm starke Torfplatte ($\lambda = 0{,}05$) einer Ziegelwand ($\lambda = 0{,}60$) von $\frac{0{,}60}{0{,}05} \cdot 3 = 36$ cm gleichwertig.

b) Betonmauer.

25 cm Kiesbeton außen, 10 cm Bimsbeton innen, außen roh gestockt, innen 1½ cm stark verputzt. Man wählt die Werte der Tafel 9 mit $\lambda_{\text{Beton}} = 1{,}14$, $\lambda_{\text{Bims}} = 0{,}24$ und findet:

$$\frac{1}{\Lambda} = \frac{0{,}25}{1{,}14} + \frac{0{,}10}{0{,}24} + \frac{0{,}015}{0{,}70} = 0{,}220 + 0{,}417 + 0{,}022 = 0{,}659$$

$$= 33{,}4\,\% + 63{,}3\,\% + 3{,}3\,\% = 100\,\%$$

und

$$\Lambda = 1{,}52 \ \frac{\text{kcal}}{\text{m}^2\text{ st }{}^0\text{C}}.$$

Man beachte das prozentuale Verhältnis, aus dem die Wichtigkeit des Bimsbetons hervorgeht. Man reduziert daher zweckmäßig die Stärke des

Kiesbetons auf das statische Mindestmaß und erhöht die Bimsbetondicke, wobei 4,8 cm Kiesbeton extra 1 cm Bimsbeton (4,8: 1 = 1,14 :0,24) gleichkommt. Es kann also auf diese Weise Material gespart werden, ohne den Wärmeschutz verringern zu müssen.

c) Lehmsteinmauer.

Für Lehmsteine wurde für normale Feuchtigkeitsverhältnisse gefunden $\lambda = 0{,}60$:

Die Berechnung ist deshalb die gleiche wie für die Ziegelmauer.

Zum Schlusse sei besonders hervorgehoben, daß in den obigen Beispielen stets die Wärmeleitzahlen für den normal feuchten Zustand eingesetzt wurden. Wo diese nicht bekannt sind, müssen die Zahlen für trockenes Material um einen Betrag erhöht werden, der je nach dem Feuchtigkeitsgehalt zu schätzen ist. Sind die Feuchtigkeitsverhältnisse gleich günstig oder ungünstig, so kann auch ein Vergleich der für trockenen Zustand gültigen Werte angestellt werden (vgl. § 10).

Die so erhaltenen Wärmedurchlässigkeitszahlen Λ können unter Benutzung der in § 6 angegebenen Wärmeübergangszahlen α zur Berechnung von Wärmedurchgangszahlen k dienen.

§ 5. Wärmedurchlässigkeit von Luftschichten.

Vielfach werden aus Gründen der Materialersparnis in den Mauern auch Luftschichten angeordnet, worunter Lufträume zu verstehen sind, deren Flächenausdehnung groß ist gegen ihre Dicke[1]).

Die Wärmeübertragung durch eine solche Luftschicht ist wesentlich verwickelter als diejenige durch die eben behandelten festen Körper, weil die Wärmeübertragung auf dreierlei Weise erfolgt:

1. Durch Wärmeleitung von Luftteilchen zu Luftteilchen der als ruhend angenommenen Luft.

2. Infolge von Konvektion. Darunter versteht man das Fortführen einzelner Luftteilchen und die Wärmeübertragung bei Berührung höher temperierter Teilchen mit denen niederer Temperatur.

3. Durch Strahlung der einander gegenüberliegenden Wandflächen, welche materieller Teilchen als Träger nicht bedarf und infolgedessen auch bei völliger Luftleere vorhanden wäre.

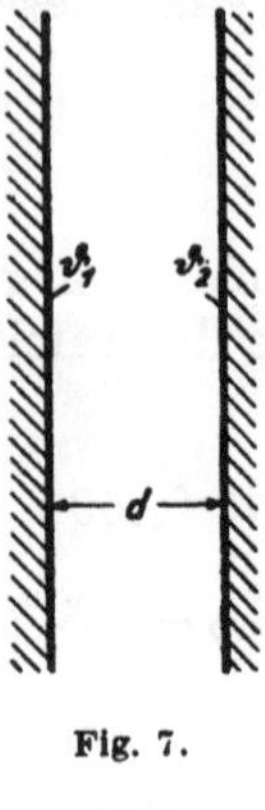

Fig. 7.

Im folgenden sollen die einzelnen Anteile getrennt betrachtet und zuletzt eine alle umfassende einfache Berechnungsweise angegeben werden.

a) Wärmeübertragung durch Leitung.

Es werde angenommen, daß die Luftschicht von der Dicke d von zwei Flächen begrenzt wird (siehe Fig. 7),

[1]) Die Wärmedurchlässigkeit kleiner Luftzellen oder Luftkanäle wird in § 8 behandelt.

deren Temperaturen ϑ_1 und ϑ_2 seien. Dann läßt sich der Teil der Wärmemenge, welcher infolge Wärmeleitung übergeht, nach der in § 3 und § 4 geschilderten Weise berechnen. Wenn man mit λ_0 die Wärmeleitzahl der ruhenden Luft bezeichnet, so ist die durch Leitung übergehende Wärmemenge Q_L aus der Gleichung berechenbar:

$$Q_L = F \cdot \frac{\lambda_0}{d} (\vartheta_1 - \vartheta_2) \quad \ldots \ldots \quad (10)$$

Für ruhende Luftschichten kann $\lambda_0 = 0{,}02 \frac{\text{k cal}}{\text{m st }^0\text{C}}$ gesetzt werden[1]).

b) Wärmeübertragung durch Konvektion.

Tatsächlich ist die Annahme einer völlig ruhenden Luft im allgemeinen nicht zutreffend. Die Luft, welche die wärmere Begrenzungsfläche der Luftschicht berührt, wird nämlich infolge der höheren Temperatur spezifisch leichter und sucht vermöge des so entstehenden Auftriebes in die Höhe zu steigen. Ganz entgegengesetzt liegen die Verhältnisse auf der anderen, kälteren Begrenzungsfläche. Die Abkühlung der Luft bewirkt hier eine Zunahme des spezifischen Gewichts und ein Herabsinken der Luft. Dadurch entsteht eine Zirkulation der Luft in mehr oder minder geschlossenen Bahnen. Dieser mit »Konvektion« bezeichnete Strömungsvorgang wird beeinträchtigt durch die Reibungswiderstände, welche der Bewegung der Luft entgegenwirken. Diese Widerstände hängen nun ganz von der Form des Luftraumes ab. Die wesentlichsten charakteristischen Formen sind Luftschichten in vertikalen und in horizontalen Wänden. Die Berechnung des Wärmedurchgangs muß daher in verschiedener Weise vorgenommen werden.

α) Konvektion in vertikalen Luftschichten.

Für die Bewegung der Luft in vertikalen Wänden kommt in Betracht: Der Bewegungsantrieb und der der Strömung entgegenwirkende Widerstand. Die Luftumwälzung wird bewirkt von dem Auftrieb der wärmeren, also spezifisch leichteren Luft auf der einen und dem Abtrieb der kälteren, also spezifisch schwereren Luft auf der anderen Seite. Sie hängt also von der Temperaturdifferenz zwischen beiden Wandteilen und auch noch von dem Temperaturunterschied zwischen den untersten und den obersten Luftteilchen ab. Man kann daher ganz allgemein aussagen, daß die Wärmeübertragung um so größer sein muß, je größer die Temperaturdifferenz zwischen den beiden Wandflächen und je höher die Luftschicht ist. Versuche über diese Abhängigkeit liegen bisher nicht vor und man kann sie daher zahlenmäßig noch nicht berücksichtigen.

Die Reibung der Luft an den Wänden und auch der Luftteilchen unter sich hemmen die Bewegung. Dieser Reibungswiderstand ist umso größer, je enger der Luftspalt ist.

---

[1]) Dies gilt bei einer Temperatur von etwa 20° C. Für andere Temperaturen gelten folgende Werte:

Temperatur	0	50	100	200	300	400°
λ_0	0,019	0,021	0,023	0,028	0,032	0,036

Nach diesen Erwägungen ist demnach die durch Konvektion übertragene Wärme abhängig von der Dicke der Luftschicht, deren Höhe und der Temperaturdifferenz zwischen beiden Wandseiten. Bei den bisher vorliegenden Versuchen hat man sich darauf beschränkt, lediglich die Abhängigkeit von der Dicke festzustellen[1]). Nach Nußelt[2]) berechnet sich die durch Konvektion übertragene Wärmemenge Q_K aus der Beziehung:

$$Q_K = F \cdot \frac{\lambda_K}{d} (\vartheta_1 - \vartheta_2) \quad \ldots \ldots \quad (11)$$

welche der Gleichung (10) genau nachgebildet ist. λ_K ist dann eine scheinbare Wärmeleitzahl, sie sei fernerhin mit »Konvektionszahl« bezeichnet. Für dieselbe sind von Nußelt folgende Werte[3]) angegeben:

für $d = 0$ bis 0,01 m	0,015 m	0,04 bis 0,14 m		
$\lambda_K =$	0	0,015 m	0,05	$\frac{\text{kcal}}{\text{m st }^0\text{C}}$.

Diese Zahlen, welche ein nicht wahrscheinliches sprunghaftes Ansteigen zeigen, wurden für die weiteren systematischen Berechnungen auf graphischem Wege ausgeglichen. Die so gefundenen Werte sind in Tafel 10, S. 113, (Anhang) zusammengestellt.

β) Konvektion in horizontalen Luftschichten.

Bei dem Konvektionsvorgang in Luftschichten mit geringer Höhe und großer horizontaler Ausdehnung treten zwei grundsätzlich verschiedene Fälle auf. Der erste Fall ist gegeben, wenn die wärmere Begrenzungsfläche oben gelegen ist. Die warmen und spezifisch leichten Luftteilchen befinden sich dabei schon in der ihrem spezifischen Gewicht entsprechenden Lage, und eine Konvektion kann in wesentlichem Betrage nicht stattfinden. Die Größe λ_K kann daher annähernd gleich Null gesetzt werden.

Der zweite Fall ist gegeben, wenn sich die wärmere Fläche unten befindet. Genauere Versuche liegen auch hier nicht vor und so verbleibt nur der Ausweg, die Berechnung wie bei den vertikalen Luftschichten zur Anwendung zu bringen, weil bei diesen die Konvektion berücksichtigt ist. Man muß sich aber der Unsicherheit dieser Annahme bewußt bleiben. (Vergl. § 5f S. 31.)

c) Wärmeübertragung durch Strahlung.

Zu der Wärmeübertragung durch Leitung und Konvektion kommt noch diejenige durch Strahlung. Bei der Erwähnung der Wärmestrahlung denkt man gewöhnlich nur an höhere Temperaturen, es ist aber zu betonen, daß die Strahlung bei allen Temperaturen, auch bei niederen,

---

[1]) Weitere ergänzende Versuche sind bereits in Angriff genommen, aber noch nicht abgeschlossen.

[2]) W. Nußelt, Mitteilung über Forschungsarbeiten auf dem Gebiete des Ingenieurwesens 1909, Heft 63/64. S. 72 ff.

[3]) Die Zahlen gelten für eine Luftschichthöhe von etwa 60 cm.

stattfindet und unabhängig ist von dem Vorhandensein eines materiellen Trägers wie Luft.

Bestimmt man die Abhängigkeit der durch Strahlung abgegebenen Wärme Q_s von der Temperatur, so findet man nach dem Gesetz von Stefan und Boltzman, daß dieselbe mit der Temperatur außerordentlich stark zunimmt. Sie ist ferner abhängig von einer Konstanten σ, durch welche das Strahlungsvermögen des betreffenden Körpers charakterisiert sein soll. Statt der Temperatur ϑ in Celsius-Grade wählt man die sog. absolute Temperatur Θ, deren Zahlenwert um 273° größer ist. Alsdann ist die durch Strahlung abgegebene Wärmemenge durch die Gleichung gegeben:

$$Q_s = F \cdot \sigma \cdot \Theta^4 = F \cdot \sigma (273 + \vartheta)^4 \quad . \; . \; . \; . \; . \quad (12)$$

Dieses Gesetz gilt streng für den sog. »absolut schwarzen Körper« d. h. einen solchen, welcher sämtliche auf ihn treffende Strahlen absorbiert. Sehr angenähert gilt die Beziehung auch für alle übrigen Körper, welche eine andere und zwar stets kleinere Strahlungskonstante haben.

In obiger Gleichung ist σ eine sehr kleine, die 4. Potenz der Temperatur eine sehr große Zahl. Man schreibt nun dieselbe in einer praktischeren Form, wie folgt:

$$Q_s = F \cdot \sigma \cdot 10^8 \left(\frac{\Theta}{100}\right)^4 = F \cdot \sigma \cdot 10^8 \left(\frac{273 + \vartheta}{100}\right)^4 \quad . \; . \; . \quad (12a)$$

und

$$Q_s = F \cdot C \cdot \left(\frac{\Theta}{100}\right)^4 \quad . \; . \; . \; . \; . \; . \; . \quad (12b)$$

Hierin ist die neue Konstante $C = \sigma \cdot 10^8$, wodurch das gewünschte günstigere Größenverhältnis erreicht ist.

Befinden sich zwei gleichgroße, einander nahe gegenüberliegende Flächen im Strahlungsaustausch, so ist nach Nußelt die ausgetauschte Wärmemenge

$$Q_s = F \cdot C^1 \cdot \left[\left(\frac{\Theta_1}{100}\right)^4 - \left(\frac{\Theta_2}{100}\right)^4\right] \quad . \; . \; . \; . \; . \quad (13)$$

Worin die »Konstante für den Strahlungsaustausch« C^1 sich aus folgender Gleichung errechnet:

$$\frac{1}{C^1} = \frac{1}{C_1} + \frac{1}{C_2} - \frac{1}{C} \quad . \; . \; . \; . \; . \; . \; . \quad (14)$$

Darin bedeuten C_1 und C_2 die Strahlungskonstanten der sich gegenüberliegenden Flächen, C ist die Konstante des absolut schwarzen Körpers.

Zur Erleichterung der späteren Rechnung sind für verschiedene Werte C_1 und C_2 die Konstanten des Strahlungsaustausches C^1 berechnet worden und in Zahlentafel 11 S. 114 zusammengestellt. Fig. 8 S. 121 zeigt ein Diagramm zur graphischen Auffindung der C^1-Werte. Die Benutzung ist einfach: Durch die Konstante C_1 auf der horizontalen Achse denke man sich eine vertikale Gerade und suche den Schnittpunkt derselben mit der Kurve für C_2. Die durch diesen Punkt gelegte Horizontale schneidet am Vertikalmaßstab den Wert der Konstanten C^1 aus.

Für die rasche Auswertung der Gleichung ist die Differenz der 4. Potenzen wenig bequem. Führt man aber die Beziehung

$$c = \frac{\left(\frac{\Theta_1}{100}\right)^4 - \left(\frac{\Theta_2}{100}\right)^4}{\Theta_1 - \Theta_2} \quad \ldots\ldots\ldots (15)$$

ein, so schreibt sich die Gl. (13) in der wesentlich einfacheren Form

$$Q_s = F \cdot C^1 \cdot c\,(\Theta_1 - \Theta_2) \quad \ldots\ldots\ldots (16)$$

oder

$$Q_s = F\,C^1 \cdot c \cdot (\vartheta_1 - \vartheta_2) \quad \ldots\ldots\ldots (16a)$$

Die Zahl c sei in späteren Abschnitten als »Temperaturfaktor« bezeichnet.

Diese Zahl läßt sich für die verschiedenen Werte von ϑ_1 und ϑ_2 von vornherein berechnen. Das Ergebnis ist in Tafel 12 S. 114 zusammengestellt. Diese läßt erkennen, daß bei einer bestimmten mittleren Temperatur $\vartheta_m = \frac{\vartheta_1 + \vartheta_2}{2}$ stets fast derselbe Temperaturfaktor erhalten wird, gleichgültig wie groß die Differenz $(\vartheta_1 - \vartheta_2)$ ist. Es zeigt sich z. B. für $\vartheta_m = 0^0$ folgendes Bild:

$\vartheta_1 - \vartheta_2 =$	40^0	30^0	20^0	10^0
$c =$	0,820	0,816	0,814	0,814

Man kann daher in einfacher Weise ohne großen Fehler in einem Schaubild den Temperaturfaktor c in Abhängigkeit von der mittleren Temperatur auftragen. Aus diesem ergeben sich die in Tafel 13 S. 114 eingetragenen Werte. Die Werte von c bei höheren Temperaturen sind nach Gl. (15) zu berechnen.

d) Gesamte Wärmeübertragung in einer Luftschicht.

Aus den vorhergehenden Darlegungen ergibt sich, daß die gesamte, durch eine Luftschicht hindurchgehende Wärmemenge aus drei einzelnen Teilen zusammengesetzt ist. Der erste Teil ist derjenige durch Wärmeleitung und berechnet sich aus der Formel:

$$Q_L = \frac{\lambda_0}{d} \cdot F\,(\vartheta_1 - \vartheta_2) \quad \ldots\ldots\ldots (10)$$

Der zweite Teil ist die durch Konvektion übergehende Wärme, welche durch die Beziehung gegeben ist:

$$Q_K = \frac{\lambda_K}{d} \cdot F\,(\vartheta_1 - \vartheta_2) \quad \ldots\ldots\ldots (11)$$

Der dritte Teil endlich ist die durch Strahlung übergehende Wärme, für welche die Formel gilt:

$$Q_s = c \cdot C^1 \cdot F\,(\vartheta_1 - \vartheta_2) \quad \ldots\ldots\ldots (16a)$$

Durch Addition dieser drei Anteile ergibt sich die gesamte Wärmemenge Q:

$$Q = \left[\frac{\lambda_0}{d} + \frac{\lambda_K}{d} + c \cdot C^1\right] \cdot F(\vartheta_1 - \vartheta_2) \quad . \quad . \quad . \quad . \quad (17)$$

Diese Gleichung hat den Vorteil, daß in ihr leicht zu erkennen ist, wie weit die einzelnen Möglichkeiten der Wärmeübertragung an dem gesamten Vorgange beteiligt sind. Sie hat aber den Nachteil, daß man nicht rasch und übersichtlich genug die gesamte in der Luftschicht ausgetauschte Wärmemenge überblicken kann. Dieser Nachteil tritt dann besonders hervor, wenn man z. B. rasch ersehen möchte, ob eine Luftschicht etwa von 10 cm Stärke eine geringere oder größere Wärmemenge zu übertragen vermag als irgendein anderer fester Körper gleicher Stärke.

α) Äquivalente Wärmeleitzahl einer Luftschicht.

Bei der vergleichenden Betrachtung des Wärmedurchgangs durch feste Körper hat man den hierfür bequemen Begriff der Wärmeleitzahl λ. Um nun den Vergleich mit einer Luftschicht in ebenso einfacher Weise zu ermöglichen, kann man auch zur Beschreibung des gesamten Wärmedurchgangs durch eine Luftschicht den Begriff der Wärmeleitzahl einführen und bezeichnet diese als »äquivalente Leitzahl«, worunter man die Wärmeleitzahl desjenigen Körpers versteht, welcher an die Stelle der Luftschicht in gleicher Stärke wie diese gesetzt, den Wärmedurchgang nicht ändert. Unter Zuhilfenahme dieser Vorstellung kann man die durch eine Luftschicht hindurchgehende Wärmemenge auch durch die folgende Gleichung darstellen:

$$Q = \frac{\lambda'}{d} \cdot F(\vartheta_1 - \vartheta_2) \quad . \quad . \quad . \quad . \quad . \quad . \quad (18)$$

λ' sei dann die genannte »äquivalente Wärmeleitzahl«. Ein Vergleich mit der zuerst abgeleiteten Gl. (17) ergibt, daß die äquivalente Wärmeleitzahl λ' sich durch folgende Gleichung berechnet:

$$\lambda' = \lambda_0 + \lambda_K + c \cdot d \cdot C^1 \quad . \quad . \quad . \quad . \quad . \quad . \quad (19)$$

Zur bequemen Handhabung dieser Gleichung sollen im folgenden die äquivalenten Wärmeleitzahlen λ' für die wichtigsten Verhältnisse berechnet werden:

Äquivalente Wärmeleitzahl für vertikale Luftschichten.

Unter Benutzung der im Abschnitt § 5b angegebenen Versuche von Nußelt ergeben sich für die verschiedenen Dicken der Luftschicht und die verschiedenen Strahlungskonstanten die in Tafel 14 S. 115 gegebenen Zahlenwerte. Die vertikale Reihe enthält darin die verschiedenen Dicken und die horizontale Reihe die verschiedenen Werte von $c \cdot C^1$. Die im Kreuzungspunkte zweier solcher Reihen gelegene Zahl ist die »äquivalente Wärmeleitzahl λ'«. In dem Kurvenbild (Fig. 9, S. 122) ist dieselbe äquivalente Wärmeleitzahl graphisch dargestellt, indem als Abszisse die Dicke der Luftschicht, als Ordinate die äquivalente Wärmeleitzahl eingetragen ist. Die den gleichen Werten $c \cdot C^1$ entsprechenden Zahlen sind je in einem Kurvenzug vereinigt.

Äquivalente Wärmeleitzahl für horizontale Luftschichten.

Wärmedurchgang von oben nach unten.

In Gl. (19) kann nach Seite 24 die Größe $\lambda_K = 0$ gesetzt werden und es ergibt sich für die äquivalente Wärmeleitzahl der horizontalen Luftschicht eine Tafel 15 S. 115 und ein Diagramm Fig. 10 S. 123 ähnlich wie im vorigen Abschnitt.

Wärmedurchgang von unten nach oben.

Nach den Darlegungen auf Seite 24 sind vorläufig für die äquivalente Wärmeleitzahl λ' in diesem Falle keine genaueren Unterlagen vorhanden.

Aus dem Vergleich der Zahlenwerte von Tafel 14 und 15 erkennt man, daß bei großen Strahlungskonstanten die Unterschiede zwischen vertikalen und horizontalen Luftschichten verschwinden, weil der Einfluß der Konvektion unter diesen Verhältnissen an sich sehr klein ist.

β) Wärmedurchlässigkeit Λ einer Luftschicht.

Wenn es auch möglich ist, durch Einführung der äquivalenten Wärmeleitzahl einer Luftschicht die Wärmedurchgangsberechnung derjenigen bei festen Körpern ganz ähnlich zu gestalten, so darf man nicht übersehen, daß die Wärmeleitzahl eines festen Körpers praktisch eine konstante Zahl war, sie war nur im geringen Maße abhängig von der Temperatur, in höherem Grade aber von dem Feuchtigkeitsgehalt. Die äquivalente Wärmeleitzahl einer Luftschicht ist unabhängig von dem Feuchtigkeitsgehalt der Luft, in höherem Maße dagegen abhängig von der Temperatur, wie die Größe c und ihre Änderung beweist, vor allem aber nimmt λ' mit der Dicke stark zu. Diese letztere Tatsache führt zu folgendem grundsätzlichen Unterschied:

Die Wärmedurchlässigkeit einer homogenen Wand ist bekanntlich

$$\frac{1}{\Lambda} = \frac{\delta}{\lambda} \text{ oder } \Lambda = \frac{\lambda}{\delta}.$$

Λ wird also im selben Verhältnis kleiner, wie die Dicke größer wird, da ja λ von der Dicke unabhängig, also konstant war.

Die Wärmedurchlässigkeit einer Luftschicht berechnet sich in gleicher Weise

$$\Lambda = \frac{\lambda'}{d},$$

wobei aber jetzt mit zunehmender Dicke d auch der Zähler λ' größer wird.

Rechnet man nun mit Hilfe der Tafel 14 für vertikale Luftschichten die Werte Λ bei verschiedener Dicke und verschiedenen Werten von $c \cdot C^1$ aus, so erhält man die Tafel 16 und das Diagramm Fig. 11. In diesem sind die Dicken als Abszisse, die Wärmedurchlässigkeit Λ als Ordinate eingetragen. Die Werte für gleiches $c \cdot C^1$ sind in Kurvenzügen vereinigt.

Tabelle 16.

Wärmedurchlässigkeit einer vertikalen Luftschicht.

Dicke	Werte $c \cdot C'$		
	1	2	4
1	4,0	5,0	7,0
2	3,05	4,05	6,05
4	2,45	3,45	5,45
6	2,12	3,12	5,12
8	1,89	2,89	4,89
10	1,73	2,73	4,73
12	1,61	2,62	4,62
15	1,5	2,5	4,50

Fig. 11.

Abnahme der Wärmedurchlässigkeit vertikaler Luftschichten mit der Dicke.

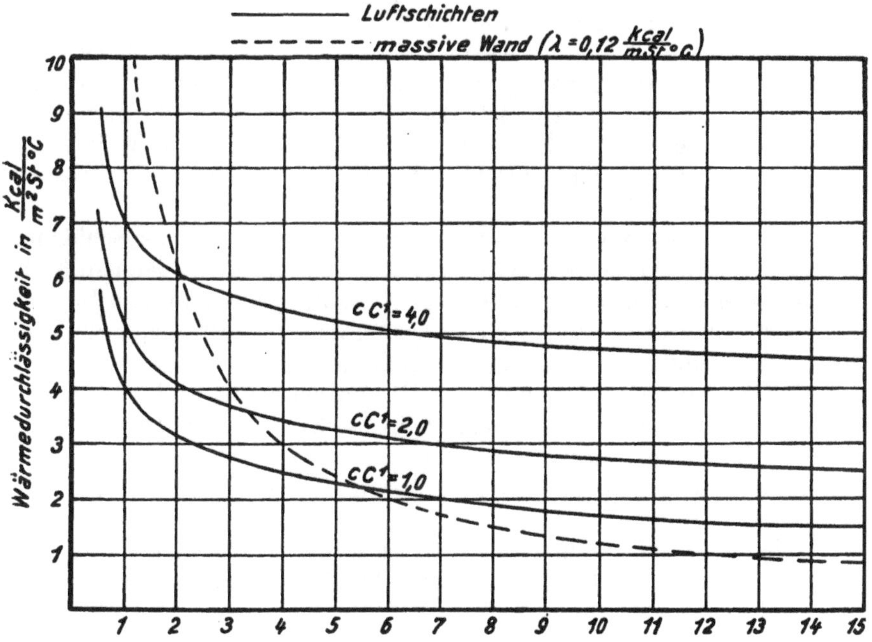

Dicke der Luftschicht in cm.

Man erkennt aus der Tafel 16 und noch anschaulicher aus dem Diagramm Fig. 11, daß die Wärmedurchlässigkeit einer Luftschicht mit zunehmender Dicke zwar ebenfalls wie beim festen Körper abnimmt. Die Abnahme ist aber nicht gleichmäßig, sondern wird stetig kleiner, so daß von einer bestimmten Dicke an keine wesentliche Abnahme mehr eintritt.

Um einen Vergleich mit der Abnahme der Wärmedurchlässigkeit bei einem festen Körper zu haben, ist für diesen eine Wärmeleitzahl von $\lambda = 0{,}12$ angenommen und die entsprechende Kurve (gestrichelt) in Fig. 11 eingezeichnet worden. Auch hier zeigt sich rasche Abnahme des Λ bei kleinen Dicken und dann verhältnismäßig geringere Verminderung von Λ. Der Abfall ist aber gegenüber dem der Luftschicht ganz wesentlich stärker. Z. B. hat bei 2 cm Dicke (aus Fig. 11 ersichtlich) der feste Körper mit $\lambda = 0{,}12$ dieselbe Wärmedurchlässigkeit $\Lambda = 6$ wie die Luftschicht mit $c \cdot C^1 = 4{,}0$. Die Wärmedurchlässigkeit sinkt

für eine Dicke von	4 cm	6 cm	8 cm
beim festen Körper auf . .	3	2	1,5
bei der Luftschicht auf . .	5,4	5,1	4,85

e) Die Strahlungskonstanten verschiedener Körper.

Bei der Berechnung der Wärmeabgabe durch Strahlung ist es notwendig, das Strahlungsvermögen der Wände zu kennen. Es ist ein unleugbarer Mangel, daß für viele in der Baupraxis wichtige Stoffe diese Konstante noch nicht genau genug bestimmt ist. In Tafel 17 S. 116 finden sich die bisher festgestellten Zahlen. Für die anderen Stoffe ist man auf Schätzung angewiesen, solche Zahlen finden sich gleichfalls in Tafel 17.

Die höchst vorkommende Strahlungskonstante ist die des »absolut schwarzen Körpers.«

Aus den genau gemessenen Werten lassen sich für die Schätzung wichtige Regeln[1]) ableiten. Vergleicht man die Zahlen von rauhem Kalkmörtel (weiß) und glatt geschliffenem Kies, also ganz ähnlichen Stoffen, so finden sich große Unterschiede in der Strahlungskonstante, die zweifellos auf den Rauhigkeitsgrad zurückzuführen sind.

Unter sonst gleichen Verhältnissen haben demnach Körper mit rauher Oberfläche hohe Strahlungskonstanten.

Vergleicht man ferner noch die Zahlen für gleiche Oberflächenbeschaffenheit so findet man nur geringe Unterschiede bei den verschiedenen Stoffen.

Dies weist darauf hin, daß Farbe oder Stoffart geringeren Einfluß auf die Strahlungskonstante haben als die Oberflächenbeschaffenheit.

[1]) Vergleiche ihre praktische Bedeutung in den Beispielen § 5 f.

Diese zunächst rein empirisch vermutete Gesetzmäßigkeit läßt sich bezüglich der Rauhigkeit auch physikalisch begründen. Die gewöhnlich als Oberfläche, z. B. einer ebenen Wand, in Rechnung gesetzte Fläche entspricht nur dann streng den Tatsachen, wenn diese völlig glatt ist. Rauhe Oberflächenbeschaffenheit bietet aber für die Strahlung eine größere Fläche dar, als das einfache Ausmessen der Umrisse ergibt. Es müßte also bei einer rauhen Oberfläche eine größere Fläche in die Rechnung eingeführt werden als bei glatter Oberfläche gleichen äußeren Umfanges. Statt dessen kann man sich auch die Strahlungskonstante für die Flächeneinheit vergrößert denken und kommt dann zu den höheren Strahlungskonstanten.

Unter diesem Gesichtspunkt sind die Zahlen für Beton, Ziegelstein, Dachpappe in Tafel 17 gewählt worden. Nur für Holz ist die Schätzung noch recht unsicher, immerhin darf man annehmen, daß gehobeltes Holz eine geringere Konstante hat als unbearbeitetes. Dies ist wichtig, wie unter anderem in Beispielen gezeigt werden soll.

f) Beispiele und Folgerungen für die Praxis.

a) Prozentuale Anteile der Wärmeleitung, der Konvektion und der Strahlung.

Zunächst soll an Hand der Gl. (17) bzw. (19) ein Überblick gewonnen werden über die Größe der einzelnen Anteile am Wärmedurchgang durch eine Luftschicht:

Kleine Strahlungskonstante:

Gegeben seien zwei vertikale gut geglättete Gipswände mit den Strahlungskonstanten $C_1 = C_2 \sim 1{,}5$ (vgl. Tafel 17 auf S. 116). Der Einfachheit halber werde der Temperaturfaktor $c = 1{,}0$ gesetzt.

Es wird aus Gl. (14) oder Tafel 11 oder Fig. 8 zunächst C^1 bestimmt:

$$\frac{1}{C_1} = \frac{1}{1{,}5} + \frac{1}{1{,}5} - \frac{1}{4{,}7} = 1{,}333 - 0{,}213 = 1{,}120$$

$$C^1 = 0{,}89 \, \frac{\text{kcal}}{\text{m}^2 \, \text{st} \, (^0\text{C})^4}$$

Nach S. 23 ist $\lambda_0 = 0{,}02 \, \frac{\text{kcal}}{\text{m st} \, ^0\text{C}}$

und λ_K aus Tafel 10 S. 113 zu ersehen.

Für eine Luftschicht von 6 cm Dicke ist demnach nach Gl. (19)

$\lambda' = 0{,}02 + 0{,}047 + 1{,}0 \cdot 0{,}06 \cdot 0{,}89,$

$\lambda' = 0{,}02 + 0{,}047 + 0{,}054 = 0{,}121$

oder die Anteile in Prozenten:

16,5% durch Wärmeleitung,
38,8 » durch Konvektion,
44,7 » durch Strahlung.

Man sieht daraus, daß die Strahlung einen erheblichen Anteil am Wärmedurchgang hat.

Für eine Luftschicht von nur 2 cm Dicke gilt entsprechend:

$$\lambda' = 0{,}02 + 0{,}02 + 1{,}0 \cdot 0{,}02 \cdot 0{,}89 = 0{,}0578$$

oder die Anteile in Prozenten:

34,6% durch Wärmeleitung,
34,6% durch Konvektion,
30,8% durch Strahlung.

Bei kleinen Luftschichtdicken tritt demnach der Anteil durch Strahlung mehr und mehr zurück gegenüber dem durch Leitung und Konvektion. Außerdem wird die äquivalente Wärmeleitzahl mit abnehmender Dicke kleiner. Im vorliegenden Fall ist nahezu die geringe Wärmeleitfähigkeit von Torfplatten erreicht (Tafel 1 und 5, Fig. 5).

Die beiden vorher durch Rechnung gefundenen Werte von λ' lassen sich auch in einfacher Weise aus der Tafel 14 oder dem Diagramm Fig. 9 entnehmen. Man sucht darin den Schnitt der Vertikallinie $d = 6$ cm (bzw. $d = 2$ cm) mit der Kurve $c \cdot C^1 = 1{,}0 \cdot 0{,}89 = 0{,}89$ und sodann die Horizontalen auf, welche durch diesen Schnittpunkt gehen.

Große Strahlungskonstante.

Im Bauwesen hat man es meist mit rauhen Wänden zu tun, für welche hohe Strahlungskonstante in Betracht kommen. Denkt man sich z. B. die Luftschicht zwischen Betonwänden liegend, so ist nach Tafel 17 $C_1 = C_2 \sim 4{,}5$ und aus Tafel 11 oder Fig. 8 $C^1 = 4{,}3$. Es sei wiederum $c = 1{,}0$, dann ist für die 6 cm starke Luftschicht:

$$\lambda' = 0{,}02 + 0{,}047 + 1{,}0 \cdot 0{,}06 \cdot 4{,}3 = 0{,}325$$
$$= 6{,}2\% + 14{,}4\% + 79{,}4\% \quad = 100\%$$

und für die 2 cm starke Luftschicht:

$$\lambda' = 0{,}02 + 0{,}02 + 1{,}0 \cdot 0{,}02 \cdot 4{,}3 = 0{,}126,$$
$$= 15{,}9\% + 15{,}9\% + 68{,}2\% \quad = 100\%.$$

Auch hier zeigt sich wieder das Gesetz:

Die äquivalente Wärmeleitzahl wird mit abnehmender Dicke kleiner und der Anteil der Strahlung geht gleichzeitig zurück.

Wesentlich ist aber, daß im Gegensatz zu dem Beispiel mit kleinen C-Werten der prozentuale Anteil der Strahlung bei großen C-Werten denjenigen durch Leitung und Konvektion bedeutend überwiegt.

Daraus lassen sich nachstehende sehr wichtige Folgerungen für die Anordnung von Luftschichten in der Praxis ziehen:

Horizontale Unterteilung der Luftschichten.

Wenn auch bis heute Zahlen darüber fehlen, wie die Konvektionszahl λ_K sich mit der Höhe der Luftschicht ändert, so war doch vorauszusagen, daß eine horizontale Unterteilung den Wert von λ_K verkleinern muß. Man sieht daher aus den Beispielen bei kleinen Strahlungskonstanten, daß eine solche Verkleinerung der λ_K-Werte die Wärmeleitzahl λ' und damit den gesamten Wärmedurchgang verringert.

Anders ist es dagegen bei großen Strahlungskonstanten. Da hier die durch Konvektion übergehende Wärme verhältnismäßig klein ist, wird eine Verringerung dieses Wertes zwar ebenfalls einen geringeren Wärmedurchgang zur Folge haben, aber in nur mehr wesentlich abgeschwächtem Maße.

Während also bei Vorhandensein kleiner Strahlungskonstanten die horizontale Unterteilung der Luftschicht wesentliche Verbesserung im Wärmeschutz bringt, ist dies in geringem Maße bei großen Strahlungskonstanten der Fall.

Wenn man trotzdem in allen Fällen horizontale Unterteilung wünschen muß, so geschieht dies mehr aus praktischen Rücksichten. Für die Isolierwirkung der Luftschichten in obigem Sinne war Voraussetzung, daß sie allseitig geschlossen sind und mit der Außenluft nicht in Verbindung stehen. Werden nun die Außenmauern aus einzelnen Platten zusammengesetzt, wobei sich Fugen ergeben, so liegt die Möglichkeit vor, daß im Laufe der Zeit Undichtheit einzelner Fugen auftritt. Ist die Luftschicht nun nicht unterteilt, so wird eine große Wandfläche im Wärmeschutz verschlechtert, weil die kalte Außenluft mit der Luftschicht in Verbindung steht. Bei Unterteilung dagegen wird jeweils nur eine kleine Fläche geschädigt und dies ist der Hauptgrund für horizontale Unterteilung auch bei großen Strahlungskonstanten, während die Verbesserung im Wärmeschutz sich sonst wegen der Umständlichkeit nicht rechtfertigen würde.[1]

Um rasch ein Urteil über den Wert und die Zweckmäßigkeit einer horizontalen Unterteilung zu erhalten, sind in Tafel 18 bei verschiedenen Strahlungsgrößen die Anteile von Leitung, Konvektion und Strahlung in Prozenten des gesamten Wärmedurchganges eingetragen. In Fig. 12 sind dann in graphischen Bildern diese Zusammenhänge noch

Tafel 18.

Anteile der Wärmeübertragung durch Leitung, Konvektion und Strahlung in % der gesamten Wärme.

	$c\ C'$	Dicke in cm				
		1	2	5	10	15
durch Leitung	1,0	50	33,3	17,5	11,5	8,9
	4,0	28,6	16,7	7,6	4,2	3,0
durch Konvektion	1,0	25	33,3	38,6	30,6	24,5
	4,0	14,3	16,7	16,7	11,2	8,2
durch Strahlung	1,0	25	33,4	13,9	57,9	66,9
	4,0	57,1	66,6	75,7	84,6	88,8

[1]) Der Einfluß auf die Luftdurchlässigkeit ist im II. Teil behandelt.

Fig. 12.
Prozentuale Anteile der Wärmeleitung, Konvektion und Strahlung an der Wärmeübertragung bei vertikalen Luftschichten.

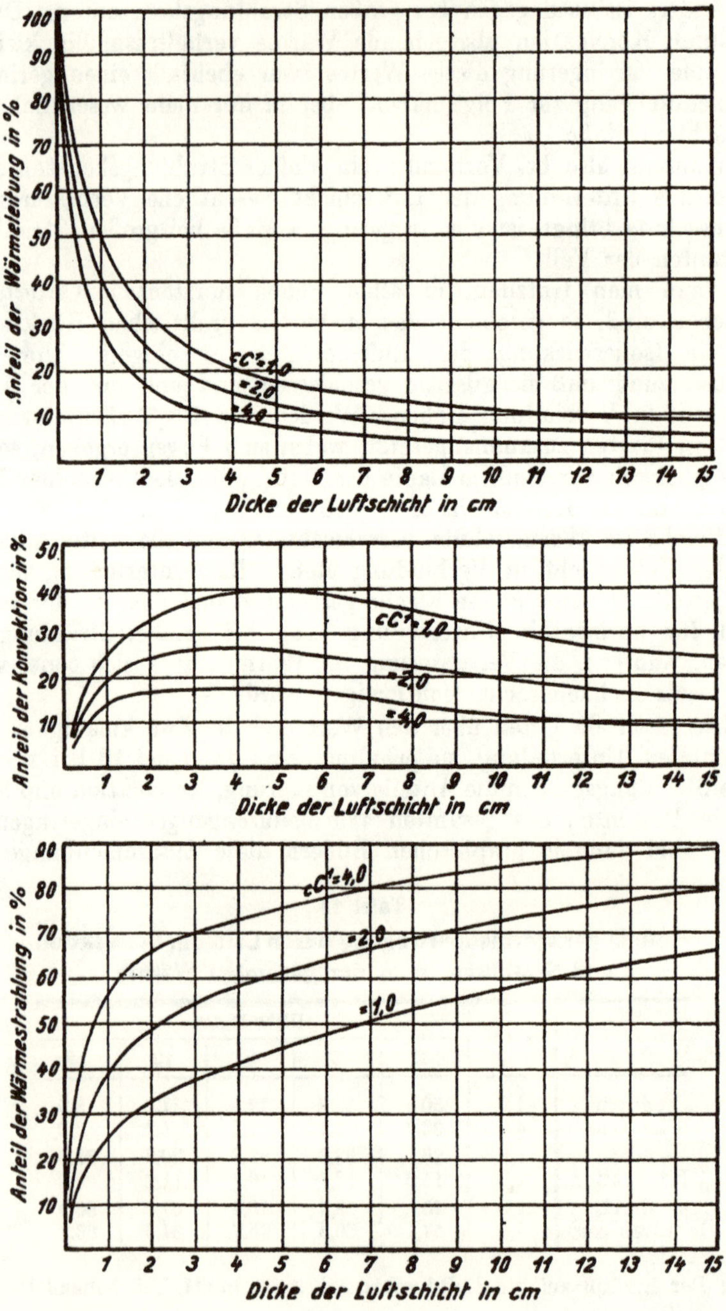

besser veranschaulicht. In den Diagrammen ist als Abszisse die Dicke der Luftschicht aufgetragen, als Ordinate die Anteile in Prozenten für die drei Teilvorgänge: Wärmeleitung, Konvektion und Strahlung. Man sieht daraus die starke Zunahme des Strahlungsanteiles mit der Dicke, welcher ebenso wie der Konvektionsanteil bei der Dicke $d = 0$ ebenfalls zu Null werden muß. Aus den Bildern kann in einfacher Weise festgestellt werden, ob Maßnahmen zur Einschränkung der Konvektion zweckmäßig sind und welchen zahlenmäßigen Erfolg sie versprechen.

Es sei z. B. $d = 3$ cm, $c \cdot C^1 = 1{,}0$, dann ist der Anteil

Wärmeleitung 25%,
Konvektion 37 » ,
Strahlung 38 » .

Eine Beeinflussung der Konvektion erscheint demnach ebenso aussichtsreich als diejenige der Strahlung.

Wäre dagegen $c \cdot C^1 = 4{,}0$ bei gleicher Dicke, so ergibt sich folgendes Bild:

Leitung 11%, Konvektion 17%, Strahlung 72%.

Die Herabminderung des Konvektionsanteiles bringt in diesem Falle keine wesentliche Besserung des Gesamtwärmedurchganges.

Oberflächenbeschaffenheit.

Der große Anteil der Strahlung an der Wärmeübertragung legt auch den Gedanken nahe, Wänden mit kleinen Strahlungskonstanten den Vorzug zu geben. Man kann auch in der Praxis darauf Wert legen, glatte Flächen zu erhalten, indem z. B. bei Holzbauten die Flächen gehobelt oder bei Anwendung von Gipsdielen gut geglättete Sorten bevorzugt werden.

β) Einfluß der Temperatur auf die Wärmedurchlässigkeit.

Bei den vorigen Beispielen war angenommen worden, daß $c = 1{,}0$ ist. Aus der Tafel 13 S. 114 ergibt sich hierfür eine mittlere Temperatur

$$\vartheta_m = \frac{\vartheta_1 + \vartheta_2}{2} = 19{,}3\,^0\mathrm{C},$$

also eine verhältnismäßig hohe Temperatur. Es ist deshalb noch zu untersuchen, wie sich die Verhältnisse bei niederen Temperaturen gestalten. Statt wie oben bei $\vartheta_m = 19{,}3^0$ befinde sich jetzt die Luftschicht in dem Bereich $\vartheta_1 = +5^0$ C, $\vartheta_2 = -5^0$ C, also $\vartheta_m = 0^0$ C. Setzt man nun in beiden Fällen die gleiche Temperaturdifferenz $(\vartheta_1 - \vartheta_2)$ voraus, so ist nach den Erklärungen des § 5 b der Konvektionsvorgang, weil von dieser Differenz abhängig, ungeändert. Dagegen ist der Wert $c = 0{,}814$, wie aus Tafel 13 ersichtlich ist. Demnach wird für die

6 cm starke Luftschicht:

bei $C^1 = 0{,}89$ $\lambda' = 0{,}02 + 0{,}047 + 0{,}814 \cdot 0{,}06 \cdot 0{,}89 = 0{,}111$,
» $C^1 = 4{,}3$ $\lambda' = 0{,}02 + 0{,}047 + 0{,}814 \cdot 0{,}06 \cdot 4{,}3 = 0{,}277$.

Bei dem Werte $c = 1$ waren erhalten worden (Seite 31 u. 32):

$$\lambda' = 0{,}121 \text{ bzw. } \lambda' = 0{,}325.$$

Der Vergleich beider Zahlengruppen läßt erkennen:

1. Die Wärmeübertragung wird infolge der niedrigeren Temperatur um nicht unwesentliche Beträge verkleinert.

2. Bei hohen Strahlungskonstanten werden die Wärmeleitzahlen verhältnismäßig mehr verringert als bei niedrigen.

Es ergibt sich daraus die wichtige Regel: Luftschichten sind vorteilhaft möglichst in die Teile einer Wand zu legen, in der niedere Temperaturen herrschen.

Um noch eine bessere Übersicht zu geben, wurde in der oben skizzierten Weise für vertikale Luftschichten mit rauhflächigen Wänden ($C_1 = C_2 \sim 4{,}5$ und daher $C^1 \sim 4{,}3$) die äquivalente Wärmeleitzahl λ' berechnet und in Abhängigkeit von der mittleren Temperatur im Diagramm Fig. 13 graphisch dargestellt. Für verschiedene Dicken ist die prozentuale Zunahme der λ'-Werte darin eingetragen, welche mit der Dicke der Luftschicht größer und größer wird.

Fig. 13.
Einfluß der Temperatur auf die äquivalente Wärmeleitzahl der Luftschichten.

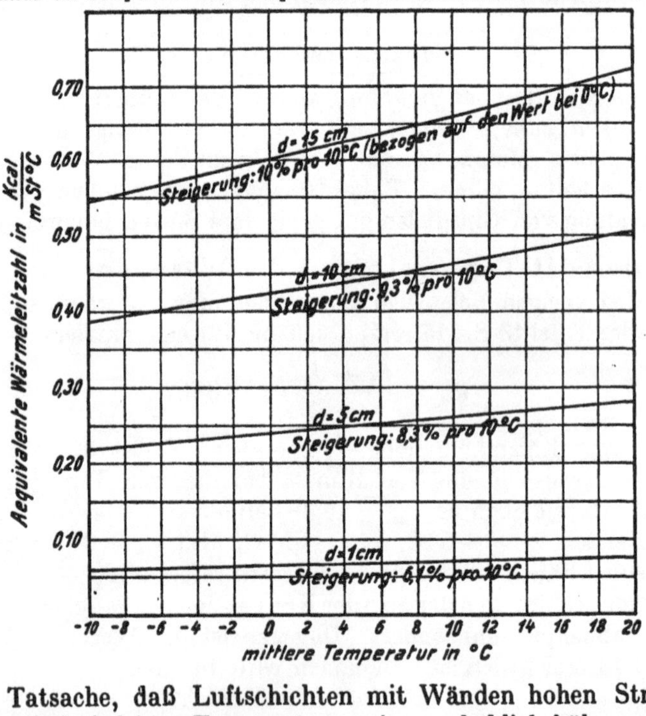

Die Tatsache, daß Luftschichten mit Wänden hohen Strahlungsvermögens bei niedrigen Temperaturen einen erheblich höheren Wärmeschutz bieten, hat einen praktischen Vorteil:

Enthält nämlich eine Wandbauart derartige Luftschichten und haben diese fernerhin einen wesentlichen Anteil am Gesamtwärmeschutz (z. B. Doppelfenster), so hat diese Bauart die wertvolle Eigenschaft, den Wärmedurchgang gewissermaßen automatisch bei Sinken der Außentemperatur zu vermindern.

γ) Senkrecht zum Wärmestrom unterteilte Luftschichten. Aus den Diagrammen für die äquivalenten Wärmeleitzahlen sowohl wie aus den vorausgegangenen Beispielen geht hervor, daß dünne Luftschichten eine wesentlich kleinere Wärmeleitzahl haben als dicke. Man kann sich nun eine Luftschicht von 6 cm Dicke in drei Schichten zu je 2 cm hintereinander angeordnet denken, wobei man der Einfachheit halber die Zwischenwände als sehr dünn und sehr gut wärmeleitend ansehen kann. Dann berechnet sich die Wärmedurchlässigkeit der 6 cm dicken, nicht unterteilten Luftschicht

$$\text{bei } c \cdot C^1 = 0{,}89;\quad \Lambda = \frac{\lambda'}{d} = \frac{0{,}121}{0{,}06} = 2{,}02\ \frac{\text{k cal}}{\text{m}^2\ \text{st}\ {}^0\text{C}}$$

$$\text{bei } c \cdot C^1 = 4{,}3;\quad \Lambda = \frac{\lambda'}{d} = \frac{0{,}325}{0{,}06} = 5{,}42\ \frac{\text{k cal}}{\text{m}^2\ \text{st}\ {}^0\text{C}}$$

bei der 6 cm dicken unterteilten Luftschicht:

$$\text{bei } c \cdot C^1 = 0{,}89;\quad \frac{1}{\Lambda} = \frac{d}{\lambda'} + \frac{d}{\lambda'} + \frac{d}{\lambda'} = \frac{3\,d}{\lambda'} = \frac{0{,}06}{0{,}058}$$

$$\text{und } \Lambda = 0{,}96\ \frac{\text{kcal}}{\text{m}^2\text{st}\,{}^0\text{C}}$$

$$\text{bei } c \cdot C^1 = 4{,}3;\quad \frac{1}{\Lambda} = \frac{3\,d}{\lambda'} = \frac{0{,}126}{0{,}06}$$

$$\text{und } \Lambda = 2{,}1\ \frac{\text{kcal}}{\text{m}^2\text{st}\,{}^0\text{C}}$$

Bei gleicher Gesamtstärke verringert sich demnach die Wärmedurchlässigkeit ganz wesentlich, wenn die Luftschicht senkrecht zum Wärmestrom in mehrere Schichten zerlegt wird. Diese Gesetzmäßigkeit war der Ausgangspunkt für die Bauweisen mit mehreren hintereinanderliegenden Luftschichten. Die große, durch diese Unterteilung einer Luftschicht bewirkte Wärmedurchgangsminderung beruht auf einer Verminderung des fast stets großen Anteils der Wärmestrahlung. Die gleichzeitige Verringerung der Konvektion, welche bei horizontalen Schichten mit der warmen Seite oben überhaupt nicht vorhanden ist, spielt dabei eine untergeordnete Rolle. Am wirksamsten ist die Unterteilung in den Fällen besonders großer Strahlungsanteile, also bei hohen Strahlungskonstanten und großen Luftschichten (vergl. Fig. 12). Das obige Beispiel zeigt dies auch:

bei $c \cdot C^1 = 0{,}89$ wird der ursprüngliche Wert von $\Lambda = 2{,}02$ auf $\Lambda = 0{,}96$, also um das 2,1 fache, bei $c \cdot C^1 = 4{,}3$ von $\Lambda = 5{,}42$ auf $\Lambda = 2{,}1$, also um das 2,6fache herabgemindert.

In einem späteren Abschnitt (§ 11) wird diese Gesetzmäßigkeit noch zu besonders interessanten Folgerungen führen.

Die im vorstehenden Kapitel abgeleiteten Regeln sind naturgemäß nicht in allen Fällen zu verwirklichen. Sie tragen aber zum lebendigen Verständnis über den Wert von Luftschichten bei, und wo es konstruktive Rücksichten erlauben, lehren sie, wie vorhandene Bauelemente durch geschickte Anordnung zu einer maximalen Gesamtwirkung zu vereinigen sind.

δ) Graphische Darstellung der durch eine Luftschicht erreichten Baustoffersparnis.

Vergleicht man die äquivalenten Wärmeleitzahlen der Luftschichten in der gewöhnlich zur Ausführung kommenden Dicke mit den Wärmeleitzahlen der festen Körper, so findet man, daß eine 10—15 cm dicke Luftschicht im Wärmedurchgang den gewöhnlichen Baustoffen, Ziegel, Schlackenbeton usw., etwa gleichwertig ist. Der Wert der Luftschicht ist daher besonders in Hinsicht auf die erzielte Baustoffersparnis zu beurteilen und es ist von großem Interesse, die Luftschichten verschiedener Dicke den wärmetechnisch gleichwertigen Mauerstärken gegenüberzustellen. Die Berechnung ist einfach, wenn man die Wärmedurchlässigkeit der Luftschicht von der Dicke d derjenigen des Vergleichsmaterials von der Dicke δ_x und der Wärmeleitfähigkeit λ_x gleich setzt. Es ist daher

$$\frac{\lambda'}{d} = \frac{\lambda_x}{\delta_x} \quad \text{oder } \delta_x = \lambda_x \cdot \frac{d}{\lambda'}$$

z. B. eine Luftschicht von $d = 0{,}06$ m mit $c \cdot C^1 = 3{,}5$ ($\lambda' = 0{,}277$) wird verglichen mit Bimsbeton (als Innenauskleidung) $\lambda_x = 0{,}24$ (Tafel 9)

$$\delta_x = \frac{0{,}24 \cdot 0{,}06}{0{,}277} = 0{,}052 \text{ m}$$

Das heißt: eine 6 cm starke Luftschicht ersetzt eine 5,2 cm starke Kiesbetonwand.

Wäre also z. B. eine Wand mit 15 cm Kiesbeton und 20 cm starker Hintermauerung mit Bimsbeton geplant gewesen, so wäre eine andere Wand mit gleichfalls 15 cm Kiesbeton, 6 cm Luftschicht und nur 14,8 cm Bimsbeton wärmetechnisch etwa gleichwertig, eine 5,2 cm starke Bimsbetonschicht also gespart worden. Derartige, in einfacher Weise durchführbare Rechnungen haben für den Architekten großen Wert, weil er nur so die Forderungen der Baustoffersparnis erfüllen kann, ohne gleichzeitig den Brennstoffaufwand für die Beheizung zu vergrößern.

Aus dem Diagramm Fig. 14 S. 124 ist für alle beliebigen Fälle in einfacher Weise[1]) die einer Luftschicht wärmetechnisch gleichwertige

[1]) Das Diagramm ist lediglich eine graphische Darstellung der oben abgeleiteten Gleichung. Auf seine Entstehung soll im einzelnen hier nicht näher eingegangen werden.

Wandstärke einer Massivwand zu entnehmen, wie aus folgenden Beispielen hervorgeht:

Beispiele zu Fig. 14, S. 124.

Gegeben ist eine Schlackenbetonmauer mit $\lambda = 0{,}50$ in normalfeuchtem Zustand, die Temperaturen auf beiden Wandseiten seien $t_1 = +10$; $t_2 = -10^0$. Es ist geplant, in die Mitte der Mauer eine Luftschicht von 5 cm Dicke anzuordnen. Welche Wandstärke an Schlackenbeton kann dadurch gespart werden? (Wärmedurchgang in beiden Fällen unverändert).

Für die Luftschicht ist $\frac{t_1 + t_2}{2} = 0^0$ C und daher aus Tafel 12 oder 13 $c = 0{,}814$, ferner ist nach Tafel 17 $C_1 = 4{,}5 = C_2$ und die Konstante des Strahlungsaustausches aus Tafel 11 oder Fig. 8 $C^1 = 4{,}3$, demnach $c \cdot C^1 = 0{,}814 \cdot 4{,}3 = 3{,}5$.

Nunmehr sucht man in Fig. 14 in Richtung der horizontalen Achse auf der rechten Seite die Zahl $d = 5$ cm (Dicke der Luftschicht) und zieht durch diesen Punkt eine vertikale Linie bis zum Schnitt mit der Kurve $c \cdot C^1 = 3{,}5$. Durch diesen Schnittpunkt legt man eine horizontale Gerade und bringt sie zum Schnitt mit der Geraden $\lambda = 0{,}50$ (Wärmeleitzahl des Schlackenbetons) auf der linken Seite der vertikalen Achse. Die Vertikale durch diesen Schnittpunkt schneidet dann auf die horizontale Achse die wärmetechnisch gleichwertige Wandstärke = 10,4 cm aus.

Das Verfahren kann man wiederholen für eine 2,5 und 10 cm dicke Luftschicht und findet:

für	= 2,5	5	10	cm Luftschicht
	= 9,3	10,4	11,8	„ Schlackenbeton

Man sieht daraus, daß die viermal dickere Luftschicht (10 cm statt 2,5 cm) eine nur 1,28 mal (11,8 statt 9,3) so große Einsparung an Schlackenbeton ergibt. Dieses Ergebnis steht in Übereinstimmung mit der geringen Abnahme der Wärmedurchlässigkeit einer Luftschicht (Seite 30) bei größeren Dicken.

War die ursprüngliche Mauerstärke 35 cm ($\Lambda = \frac{0{,}50}{0{,}35} = 1{,}43$), also ungefähr der Ziegelmauer von 1½ Stein Stärke ($\Lambda = 1{,}48$) gleichwertig, so wird

Luftschichtdicke	Stärke der Betonteile	Gesamtwandstärke
2,5 cm	(35 — 9,3) = 25,7 cm	28,2 cm
5 „	(35 — 10,4) = 24,6 „	29,6 „
10 „	(35 — 11,8) = 23,1 „	33,2 „

Es wird im vorliegenden Falle also auch die Gesamtwandstärke kleiner bei gleicher Wärmedurchlässigkeit. Ein Gesichtspunkt ist bei dieser

Betrachtung noch unberücksichtigt geblieben, nämlich die wahrscheinlich etwas geringere Feuchtigkeit der Hohlmauer gegenüber der Vollwand. Genauere Untersuchungen liegen hierüber jedoch noch nicht vor.

§ 6. Der Wärmeübergang von Luft an feste Wände.

Für den Übergang der Wärme von Luft an eine ebene Wandfläche war der Begriff der Wärmeübergangszahl eingeführt worden. Sie bezeichnet den Betrag der auf 1 qm Wandfläche übergehenden Wärme, wenn zwischen der Temperatur der Luft und derjenigen der Wandoberfläche 1° C Unterschied besteht.

Diese Zahl ist keine physikalisch genau definierte Größe, da die Temperaturverteilung in der Luft bei den verschiedenen Verhältnissen eine andere ist und in der Definition eine Angabe fehlt, an welcher Stelle die Lufttemperatur gemessen werden soll. Die wissenschaftliche Forschung hat die Frage nach den Wärmeübergangszahlen noch nicht geklärt, es liegen aber praktische Versuche vor, welche vorläufig Anhaltspunkte solcher Art bieten, daß die Berechnung der Wärmedurchgangszahlen (vgl. Seite 10) in vielen Fällen ziemlich genau[1]) vorgenommen werden kann. Bei den folgenden Angaben sollen nur die neueren Versuche berücksichtigt werden, die Übereinstimmung mit den älteren Arbeiten ist für den vorliegenden Zweck ausreichend. Ein endgültiges Urteil kann heute noch nicht gefällt werden.

Eine Wand gibt, wie bereits in § 3 näher erläutert, die Wärme auf dreierlei Weise ab:

1. durch Wärmeleitung,
2. durch Berührung der Luft mit der Wand (Konvektion) und
3. durch Strahlung.

Denkt man sich, daß von 1 qm Wandfläche die Wärmemenge α' an die Luft durch Leitung und Konvektion abgegeben wird, falls 1° C Unterschied zwischen Luft und Wandtemperatur herrscht, so geht von einer Wand mit der Fläche F und der Temperatur ϑ an die t° C warme Luft eine Wärme Q_k über, die sich berechnet aus der Gleichung:

$$Q_k = F \cdot \alpha' \cdot (\vartheta - t) \quad \ldots \ldots \quad (20)$$

Für die durch Strahlung abgegebene Wärme Q_s gibt die Gl. (16a) unter Verwendung der Größe t zur Bezeichnung der Lufttemperatur

$$Q_s = F \cdot C^1 \cdot c\,(\vartheta - t) \quad \ldots \ldots \quad (21)$$

C^1 berechnet sich hier in etwas anderer, wenn auch ähnlicher Weise. Wie genauere Betrachtungen[2]) zeigen, kann man angenähert $C^1 = C_w$

---

[1]) Die Berechnung des k.-Wertes wird um so ungenauer, je größer die Wärmedurchlässigkeit Λ der Wand ist, also bei dünnen und schlecht isolierenden Wänden.

[2]) Vergleiche: Osc. Knoblauch - K. Hencky, Anleitung zur genauen technischen Temperaturmessung. Oldenbourg 1919.

setzen, wenn mit C_w die Strahlungskonstante der Wandfläche bezeichnet wird. Man kann also setzen

$$Q_s \sim F \cdot C_w \cdot c\,(\vartheta - t) \quad \text{(21a)}$$

Für die gesamte übertragene Wärme galt die Gleichung

$$Q = F \cdot \alpha \cdot (\vartheta - t) \quad \text{(5)}$$

und nach obigem

$$Q = Q_k + Q_s = (\alpha' + c \cdot C_w)\,F \cdot (\vartheta - t) \quad \text{(23)}$$

Daraus ergibt sich für die Wärmeübergangszahl

$$\alpha = \alpha' + c \cdot C_w \quad \text{(24)}$$

Für die Zahl α', welche den Strömungszustand der die Wärme aufnehmenden oder auch die Wärme abgebenden Luft berücksichtigt, wären demnach ebenso verschiedene Arten von Zahlen einzusetzen, als es verschiedene Arten der Luftbewegung gibt. Man unterscheidet nun für die Bedürfnisse der Praxis zwei grundsätzlich verschiedene Bewegungsformen: die natürliche Konvektion und die künstlich bewegte Luft.

a) Wärmeübergang bei natürlicher Konvektion.

Unter natürlicher Konvektion versteht man die Luftbewegung, welche sich in der Nähe einer Wand infolge der Erwärmung der angrenzenden Luft und dem dadurch erzeugten Auftrieb derselben einstellt. Die Bewegung wird beeinflußt durch die Höhe der Wand (vgl. Konvektion in Luftschichten Seite 23), ferner ist von Wichtigkeit, ob die Mauer freisteht (Außenseite eines Hauses) oder seitlich begrenzt ist (Wand eines Zimmers).

Die bis heute vorliegenden Versuche berücksichtigen die genannten Gesichtspunkte nur in unvollkommener Weise, so daß ihre Übertragung auf praktische Verhältnisse nur mit gewissen Einschränkungen zulässig ist. Wenn im nachstehenden einige Formeln angegeben sind, so muß man sich bei der Anwendung derselben darüber klar sein, daß eine allzu große Genauigkeit in ihrer Auswertung nur eine Selbsttäuschung darstellt.

Bei den bisher vorliegenden Versuchen wurde der Temperaturfaktor $c = 1$ gesetzt, sein Einfluß auf die Gleichung aber vernachlässigt. Mit Rücksicht auf die nur bedingte Anwendbarkeit dieser Versuchsergebnisse soll vorläufig diese Vernachlässigung beibehalten werden. Wegen der starken Veränderlichkeit der c-Werte mit der Temperatur ist jedoch eine gleiche Vereinfachung der Formeln für vollkommenere Versuche nicht mehr zulässig.

Nach Versuchen von Nußelt[1]) ist für senkrechte ebene Flächen, wenn $\Delta = (\vartheta - t)$ den Unterschied zwischen der Oberflächentemperatur

[1]) W. Nusselt, Mitteilung über Forschungsarbeiten a. d. Gebiete des Ingenieurwesens 1909, Heft 63/64, S. 82, siehe auch „Hütte" 22. Aufl. 1915, I. Bd. S. 382.

und der mittleren Temperatur der Raumluft (Übertemperatur) bezeichnet, bei $\Delta = < 10^0$

$$\alpha = C_w + 3{,}0 + 0{,}08\,\Delta \text{ oder } \alpha' = 3{,}0 + 0{,}08\,\Delta$$

bei $\Delta > 10^0$

$$\alpha = C_w + 2{,}2\sqrt[4]{\Delta} \text{ oder } \alpha' = 2{,}2\sqrt[4]{\Delta}.$$

Die zweite Formel stimmt bezüglich der Abhängigkeit des α' von der 4. Wurzel aus Δ mit einer von Lorenz[1]) theoretisch begründeten Gleichung überein. Die erste Formel $\alpha' = 3{,}0 + 0{,}08\,\Delta$ dagegen steht in Widerspruch hierzu. Derselbe Widerspruch ergibt sich mit Versuchen von Hencky[2]), welche zeigten, daß α' bei kleinen Werten von Δ verhältnismäßig rasch ansteigt und bei höheren Werten verzögert zunimmt.

Diese Versuchswerte können im übrigen durch die Formel von Lorenz-Nusselt dargestellt werden, und zwar ist

Für senkrechte Flächen $\alpha = C_w + 2{,}2\sqrt[4]{\Delta}$.

Für horizontale Flächen $\alpha = C_w + 2{,}8\sqrt[4]{\Delta}$.

Von den älteren Versuchen sind diejenigen von Péclét zu nennen, welche auch in Rietschels Lehrbuch[3]) zugrunde gelegt sind. Diese ergeben für α' wesentlich höhere Werte. Wenn man nun bedenkt, daß zur Berechnung der α-Werte die Kenntnis der Strahlungskonstanten C_w erforderlich ist und zur Bestimmung der letzteren erst in neuerer Zeit einwandfreie Meßmethoden, die auch für praktische Fälle zutreffende Werte liefern, geschaffen wurden, so darf wohl von einer weiteren Berücksichtigung der Pecletschen Formeln abgesehen werden. Denn es liegen ihr Strahlungskonstanten zugrunde, die mit den neuesten Werten sehr schlecht übereinstimmen.

Um ein Bild der Zahlen für α' zu geben, wie sie aus den verschiedenen Gleichungen sich ergeben, sind in nachstehender Tabelle für verschiedene Übertemperaturen die Werte eingetragen.

Tabelle der Konvektionszahlen α' nach verschiedenen Formeln.

Δ	Peclet-Rietschel	Nusselt	Hencky Versuchswerte	Formel $\alpha' = 2.2\sqrt[4]{\Delta}$
1	5,04	3,08	—	2,2
2	5,08	3,16	—	2,62
3	5,11	3,24	2,50	2,90
4	5,15	3,32	3,20	3,11
5	5,19	3,40	3,3	3,29
10	5,38	3,8	3,8	3,92
20	5,75	4,65	4,70	4,66
30	6,12	5,15	5,20	5,15
40	6,50	5,53	5,60	5,53
50	6,88	5,85	5,90	5,85

[1]) Lorenz Wiedemanns Annalen 13. 1881, S. 582.

[2]) Hencky, Zeitschrift für die gesamte Kälteindustrie 1915, S. 79.

[3]) Leitfaden zum Berechnen von Lüftungs- und Heizungsanlagen.

Die Zahlenwerte für $\varDelta > 5^0$ können demnach zweifellos durch die Gleichung von Nusselt-Lorenz dargestellt werden. Für die Werte $\varDelta < 5^0$ bestehen noch Unterschiede. Es mag aber vielleicht folgende Erwägung eine gewisse Klärung herbeiführen. Bei den Laboratoriumsversuchen mit kleiner Übertemperatur erhält die Luft infolge der Erwärmung nur einen sehr schwachen Auftrieb. Diese Luftbewegung wird aber gestört durch die weit intensivere Zirkulation der Luft im Versuchsraum selbst. Dadurch ist es erklärlich, daß von einer bestimmten Temperatur ab für die Konvektion am Versuchsapparat nicht mehr die warme Fläche selbst, sondern die Raumluft maßgebender ist. Deshalb werden bei Versuchen mit niederer Übertemperatur $\varDelta$ vielfach zu hohe Werte von α' erhalten, wenn im Raume Luftströmungen vorhanden sind. Die Nusseltschen Formeln mögen daher für kleine Körper, die in großen Räumen der Abkühlung unterworfen werden, ihre Gültigkeit haben. Für den Fall der Wärmeabgabe einer großen Wandfläche darf aber wohl die Lorenzsche Abhängigkeit auch für kleine Übertemperaturen gelten. Dies trifft für Innenwände zu. Bei Außenwänden liegt dagegen die Beeinflussung durch die Außenluft[1]) vor und man hat Verhältnisse wie bei den Versuchen von Nusselt:

Man kann sich daher für folgende Wärmeübergangszahlen entscheiden:

I. Vertikale Wände:

a) Außenwände:

$$\alpha = C_w + 3{,}0 + 0{,}08\,\varDelta \text{ für } \varDelta < 5^0 \quad . \quad . \quad . \quad . \quad (25)$$

$$\alpha = C_w + 2{,}2\sqrt[4]{\varDelta} \text{ für } \varDelta > 5^0 \quad . \quad . \quad . \quad . \quad . \quad (25\,a)$$

b) Innenwände:

$$\alpha = C_w + 2{,}2\sqrt[4]{\varDelta} \quad . \quad . \quad . \quad . \quad . \quad . \quad . \quad (26)$$

II. Horizontale Innenwände:

$$\alpha = C_w + 2{,}8\sqrt[4]{\varDelta}. \quad . \quad . \quad . \quad . \quad . \quad . \quad . \quad (27)$$

Für die verschiedenen Werte von $\varDelta$ finden sich die berechneten Zahlen in Tafel 19 des Anhanges S. 116.

Um in den einzelnen praktischen Fällen die Werte von α' richtig wählen zu können, ist nach obigen Formeln die Kenntnis der Übertemperatur notwendig. Im allgemeinen ist diese aber nicht bekannt, sondern nur die Differenz zwischen den Lufttemperaturen auf beiden Wandseiten $(t_1 - t_2)$. Schreibt man nun Gl. 1 (Seite 8) in der Form

$$\frac{Q}{F} = k\,(t_1 - t_2)$$

und ebenso Gl. 4 S. 9

$$\frac{Q}{F} = \alpha_1\,(t_1 - \vartheta_1) \text{ oder } \frac{Q}{F} = \alpha \cdot \varDelta$$

[1]) Auch dann, wenn praktisch noch Windstille besteht.

dann folgt daraus

$$\frac{1}{\alpha} : \frac{1}{k} = \Delta : (t_1 - t_2) \text{ oder } k = \frac{\Delta \cdot \alpha}{(t_1 - t_2)} \quad . \; . \; . \; . \quad (28)$$

Wenn die α-Werte auf beiden Wandseiten gleich groß gesetzt werden dürfen, so kann man auch schreiben:

$$\frac{1}{k} = \frac{2}{\alpha} + \frac{1}{\Lambda}$$

und damit

$$\Delta = \frac{(t_1 - t_2)}{2 + \frac{\alpha}{\Lambda}} \quad . \; . \; . \; . \; . \; . \; . \; . \; . \quad (28\,\text{a})$$

Um daraus Δ zu berechnen, müßte also der Wert α bereits bekannt sein. Man nimmt zunächst probeweise irgendeinen voraussichtlich zutreffenden Wert Δ an und berechnet nach den Gl. (25) bis (27) α' und α. Alsdann wird aus dem Werte Λ und dem eben angenähert bestimmten α die Durchgangszahl k nach Gl. (7) bestimmt. Die Beziehung (28) ergibt hierauf einen Wert Δ'. War die frühere Schätzung von Δ richtig, so ergibt sich aus Gl. (28) wieder der Anfangswert. Man kann das richtige Δ und somit α nur durch Probieren finden. Da die Strahlungskonstanten C_w und die Konvektionszahlen α' bis heute nicht völlig genau bekannt sind, genügt es für die meisten Fälle, für die Berechnung der α-Werte eine mäßige Genauigkeit anzustreben.

Für angenäherte Rechnung oder für die ersten Annahmen kann man im allgemeinen folgende Werte benützen:

	$C_w = 2{,}0$	$3{,}0$	$4{,}0$
bei $\Lambda = 1{,}0$ wird $\frac{\Delta}{t_1 - t_2} =$	$\frac{1}{7{,}5}$	$\frac{1}{8{,}5}$	$\frac{1}{9{,}5}$
1,5	$\frac{1}{5{,}6}$	$\frac{1}{6{,}3}$	$\frac{1}{7}$
2,0	$\frac{1}{4{,}7}$	$\frac{1}{5{,}2}$	$\frac{1}{5{,}7}$
5,0	$\frac{1}{3}$	$\frac{1}{3{,}3}$	$\frac{1}{3{,}5}$

Beispiel:

Gegeben sei eine Außenmauer mit $\Lambda = 1{,}5$ $C_w = 4{,}0$, ferner sei $t_1 = +20$; $t_2 = 0^\circ$ C. $(t_1 - t_2) = 20^\circ$ C. Nach obigem ist:

$$\frac{\Delta}{(t_1 - t_2)} \sim \frac{1}{7}, \quad \Delta \sim \frac{20}{7} \sim 3{,}1$$

Dann folgt aus Gl. (25) oder Tafel 19: $\alpha' = 3{,}25$; $\alpha = 4{,}0 + 3{,}25 = 7{,}25$.

Aus Gl. (28 a) folgt:

$$\frac{\Delta'}{(t_1 - t_2)} = \frac{1}{2 + \frac{\alpha}{\Lambda}} = \frac{1}{6{,}82} \quad \text{und } \Delta = 2{,}94.$$

Für den Wert $\alpha' = 3{,}23$ wäre Übereinstimmung in den Werten Δ und Δ' erzielt worden. Es wäre also $\alpha' = 3{,}23$ zu setzen und $\alpha = 7{,}23$, ein ganz geringfügiger Unterschied gegenüber den Annahmen. Die Schätzung der α-Werte nach obigen Anhaltspunkten war also ausreichend.

b) Wärmeübergang bei künstlich bewegter Luft.

Bei der im vorigen Absatz behandelten natürlichen Konvektion ist die Geschwindigkeit der Luft eine sehr kleine. Wenn nun durch irgendeine Kraftquelle Luft an der Wand mit größerer Geschwindigkeit vorbeigeblasen wird, so wird der Auftrieb der Luft infolge der Erwärmung fast unwirksam, und zwar um so mehr, je höher die Luftgeschwindigkeit ist.

Für bewegte Luft (Wind) ist nach Versuchen von Recknagel[1]) die Wärmeübergangszahl α (einschließlich Strahlung also $\alpha = \alpha' + C_w$) für Mauerwerk:

bei	0	1	4,5	5,5 m/sec.
α	6	20	30	36 »

Nusselt fand für α' bei 3 m/sek. $\alpha' = 25$.

Da man die Geschwindigkeit, welche bei Gebäuden in der Praxis als zutreffend angesehen werden kann, nicht genau kennt, ist man meist auf Schätzungen angewiesen und so mag es vorläufig als gerechtfertigt erscheinen, wenn zur Berechnung der Wärmedurchgangszahl k mittlere Windverhältnisse zugrunde gelegt werden.

Für Häuser in freiem Gelände oder in Außenbezirken der Städte kann als mittlere Windgeschwindigkeit etwa $2{,}5 \sim 3$ m/sec, also

$$\alpha \sim 25$$

gesetzt werden.

Für eingeschlossene Häuser[2]) (Innenbezirke von Städten) ist die Windgeschwindigkeit nur 1 bis 1,5 m/sec, also

$$\alpha \sim 20$$

Bei dem überwiegenden Anteil der Größe α' und dem kleinen Teil der Strahlung C_w können hierbei die Unterschiede in der Strahlungskonstante außer acht bleiben. Dies erscheint auch deshalb zulässig, weil die Außenflächen von Gebäudeteilen fast stets rauhe Oberflächen, also hohe und daher wenig voneinander verschiedene Strahlungskonstanten $C_w = 4 \sim 4{,}5$ haben.

---

[1]) Recknagel, Heizung und Lüftung. Leipzig.

[2]) Nach Angaben der bayerischen Landeswetterwarte.

§ 7. Wärmedurchlässigkeit einer beliebig zusammengesetzten Wand.

a) Wände mit gleichem Aufbau aller nebeneinander liegenden Teile.

Nachdem auch die verwickelten Vorgänge der Wärmeübertragung in Luftschichten durch den Begriff der äquivalenten Wärmeleitzahl einfach darstellbar sind, berechnet sich die Wärmedurchlässigkeit einer Luftschicht in gleicher Weise wie diejenige eines festen Körpers. Dadurch erhält die Gl. (9) für eine beliebige aus festen Körpern und aus Luftschichten zusammengesetzten Wand die allgemeine Form:

$$\frac{1}{\Lambda} = \frac{\delta_1}{\lambda_1} + \frac{\delta_2}{\lambda_2} + \cdots\cdots + \frac{\delta_n}{\lambda_n} + \frac{d_1}{\lambda'_1} + \frac{d_2}{\lambda'_2} + \cdots\cdots + \frac{d_m}{\lambda'_m}, \quad (29)$$

wenn darin $\delta_1, \delta_2 \ldots \delta_n$ die Dicken der festen Teile, $d_1, d_2 \ldots d_m$ diejenigen der Luftschichten sind. $\lambda_1\ \lambda_2 \ldots \lambda_n$ bzw. $\lambda_1'\ \lambda_2' \ldots \lambda_m'$ sind die Wärmeleitzahlen bzw. die äquivalenten Wärmeleitzahlen. Der obige Ansatz gilt streng, falls die Wand in ihrer ganzen Flächenausdehnung gleiche Konstruktion aufweist.

Die Wärmeleitzahlen für die festen Körper werden nach Vorschrift des § 4b und § 4c gewählt, die äquivalenten Wärmeleitzahlen dem § 5 entnommen. Dabei besteht noch eine Schwierigkeit, indem zur Bestimmung des Temperaturfaktors

$$c = \frac{\left(\frac{\Theta_1}{100}\right)^4 - \left(\frac{\Theta_2}{100}\right)^4}{\vartheta_1 - \vartheta_2}$$

die Temperaturen ϑ_1 und ϑ_2 der beiden die Luftschicht begrenzenden Flächen bekannt sein müßten.

Für eine einfachere Vergleichsberechnung, für welche keine zu große Genauigkeit angestrebt werden soll, für Verhältnisse, bei denen die Wärmeleitzahlen nicht völlig sicher bekannt sind und für solche Wände, deren Luftschicht nur einen kleinen Beitrag zum Wärmeschutz $\left(\frac{d}{\lambda'}\right.$ klein im Verhältnis zu $\left.\frac{1}{\Lambda}\right)$ liefert, kann man den Temperaturfaktor $c = 0{,}814$ setzen. Dann entfällt die obige Schwierigkeit. Die Festsetzung von $c = 0{,}814$ entspricht der mittleren Temperatur 0°C und trifft dann zu, wenn bei der üblichen Temperaturannahme von + 20° innen und — 20° außen die Luftschicht etwa in der Wandmitte liegt.

In allen anderen Fällen dagegen muß man sich zunächst ein Bild des Temperaturverlaufes in der Wand machen.

Es soll daher im folgenden gezeigt werden, wie die Temperaturen in den einzelnen Schichten der Wand berechnet oder geschätzt werden können, denn vielfach genügt dies für die Bestimmung von c.

Da die auf der einen Wandseite eindringende Wärmemenge Q jede der einzelnen Materialschichten nacheinander durchdringen muß, kann man folgende Gleichung für jede solche Schicht anschreiben:

$$Q = F \cdot \frac{\lambda}{\delta} \cdot \Delta t.$$

Darin ist Q und F für jede Schicht gleich groß. Δt sei der Temperaturabfall in der betreffenden Schicht. Es läßt sich daher die Beziehung anschreiben

$$\left[\frac{\lambda}{\delta} \Delta t\right]_I = \left[\frac{\lambda}{\delta} \Delta t\right]_{II} = \ldots\ldots \left[\frac{\lambda}{\delta} \Delta t\right]_n$$

und daraus folgt der Satz:

Die auf jede Schicht treffenden Temperaturgefälle Δt verhalten sich wie die Größen $\frac{\delta}{\lambda}$ oder wie der Wärmedurchlässigkeitswiderstand $\frac{1}{\Lambda}$ jeder Schicht.

Ist daher $(\vartheta_1 - \vartheta_2)$ das gesamte in der Wand, $\Delta \vartheta$ das in der Luftschicht bestehende Gefälle, Λ_n die Wärmedurchlässigkeitszahl einer Luftschicht, Λ diejenige für die ganze Wand, so ist

$$\frac{1}{\Lambda} : \frac{1}{\Lambda_n} = (\vartheta_1 - \vartheta_2) :$$

und daraus

$$\Delta \vartheta = (\vartheta_1 - \vartheta_2) \frac{\Lambda}{\Lambda_n}$$

Man kennt nun die Werte Λ der festen Wandteile ohne weiteres, dagegen die Größe Λ_n noch nicht, sie kann aber zunächst annähernd festgestellt werden, wenn man den Wert c für die Luftschicht schätzt. Dies sei an einem Beispiel näher gezeigt:

Gegeben sei eine Betonhohlwand (Fig. 15) mit je 6 cm starken Wänden aus Schlackenbeton mit dazwischenliegender Luftschicht von 10 cm Dicke. Die Lufttemperatur auf der einen Wandseite sei $t_1 = + 20^0$ C; diejenige auf der anderen Seite $t_2 = 0^0$ C. Die Reihenfolge der Rechnungen ist dann folgende:

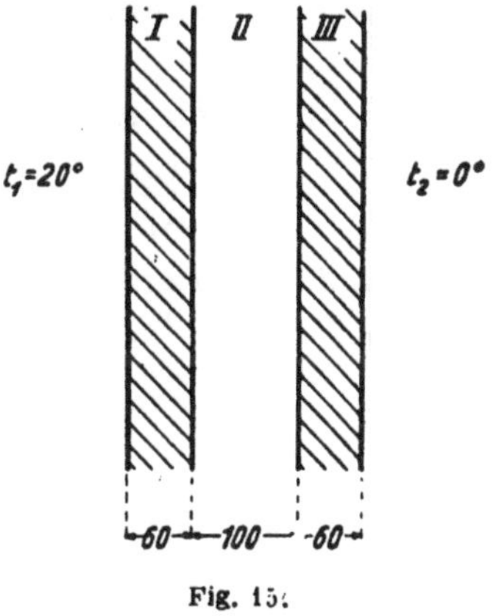

Fig. 15.

1. Angenäherte Berechnung der Wärmedurchlässigkeit.

Es ist für Schicht I:

$$\frac{1}{\Lambda_I} = \frac{\delta_1}{\lambda_1} = \frac{0{,}06}{0{,}25} = 0{,}24, \ \Lambda_I = 4{,}17;$$

dabei ist völlige Trockenheit des Materials zugrunde gelegt, was bei der Innenwand zutreffen dürfte (nicht bei Wohnküchen mit Gefahr für Schwitzwasserbildung).

Für Schicht III ist

$$\frac{1}{\Lambda_{III}} = \frac{\delta_3}{\lambda_3} = \frac{0{,}06}{0{,}45} = 0{,}133, \quad \Lambda_{III} = 7{,}5,$$

wobei für λ ein vorläufig willkürlicher Zuschlag für Feuchtigkeitsgehalt zugrunde gelegt ist.

Für Schicht II:

Aus den Werten $\frac{1}{\Lambda_I}$ und $\frac{1}{\Lambda_{III}}$ ersieht man, daß auf Schicht I ein kleineres Gefälle als auf Schicht III trifft. Wären sie gleich, müßte die mittlere Temperatur der Luftschicht $\frac{\vartheta_1 + \vartheta_2}{2} \sim \frac{t_1 + t_2}{2} = +10^0$ C sein. Mit Rücksicht auf die Ungleichheit nimmt man aber nicht $+10^0$C, sondern etwa 7°C an. Aus Tafel 13 folgt dann ein Wert von $c = 0{,}88$.

Damit wird für die Luftschicht:

$$\frac{1}{C^1} = \frac{1}{C_1} + \frac{1}{C_2} - \frac{1}{C} = \frac{1}{4{,}5} + \frac{1}{4{,}5} - \frac{1}{4{,}7} = \frac{1}{4{,}3},$$

was auch aus Fig. 8 oder Tafel 11 zu ersehen ist.

Ferner $c \cdot C^1 = 0{,}88 \cdot 4{,}3 = 3{,}78$.

Nun kann man die äquivalente Wärmeleitzahl rechnen mittels der Gleichung (19)

$$\lambda' = \lambda_0 + \lambda_K + d \cdot c \cdot C'$$

Es ist darin $\lambda_0 = 0{,}02$, $\lambda_K = 0{,}053$ für $d = 10$ cm aus Tafel 10; also

$$\lambda' = 0{,}02 + 0{,}053 + 0{,}10 \cdot 3{,}78$$

und $\lambda' = 0{,}451$.

Einfacher ist die Benützung der Fig. 9, in welcher man bei $d = 10$cm vertikal bis zum Schnitt mit der Kurve $c \cdot C' = 3{,}78$ geht, deren Lage man interpoliert. Die durch diesen Schnittpunkt gelegte Horizontale schneidet auf der Ordinate den Wert von λ' aus

$$\lambda' = 0{,}45.$$

Damit wird für die Schicht II

$$\frac{1}{\Lambda_{II}} = \frac{d}{\lambda'} = \frac{0{,}10}{0{,}45} = 0{,}223. \quad \Lambda_{II} = 4{,}49.$$

Die gesamte Wärmedurchlässigkeit ergibt sich nun zu

$$\frac{1}{\Lambda} = \frac{1}{\Lambda_I} + \frac{1}{\Lambda_{II}} + \frac{1}{\Lambda_{III}} = 0{,}24 + 0{,}223 + 0{,}133 = 0{,}596$$

und

$$\underline{\Lambda = 1{,}68.}$$

Wenn es sich nur um die angenäherte Feststellung handelt, ob die Wärmedurchlässigkeit der Wand einen gewünschten Wert, z. B. den der

1½ Stein starken Ziegelmauer, nicht überschreitet, könnte im allgemeinen an dieser Stelle die Rechnung als beendet gelten. Es soll aber noch die Wärmedurchgangszahl k genauer bestimmt werden.

2. Genaue Berechnung der Wärmedurchlässigkeit.

α) Wärmedurchgangszahl

Gegeben sind die Lufttemperaturen, es ist also erst der für diese geltende Wärmedurchgangswiderstand $\frac{1}{k}$ auszurechnen, wozu außer dem obigen Werte von Λ auch die Wärmeübergangszahlen α_i und α_a bekannt sein müssen.

Man kann diese nach den Darlegungen Seite 44 genau genug erhalten. Es ist darnach bei $\Lambda = 1{,}68$ und $C_w = 4{,}5$

$$\frac{\Delta}{t_1 - t_2} \sim \frac{1}{6}\text{; mit } t_1 - t_2 = 20 - 0^0 \text{ ergibt sich } \Delta \sim 3{,}3^0.$$

Aus Tafel 19 folgt daraus $\alpha_i \sim \alpha_a = 3{,}0 + 4{,}5 = 7{,}5$.

Es wird also zunächst angenähert:

$$\frac{1}{k} = \frac{1}{\alpha_i} + \frac{1}{\Lambda} + \frac{1}{\alpha_a} = \frac{2}{7{,}5} + \frac{1}{1{,}68} = 0{,}267 + 0{,}596 = 0{,}863$$

$$\underline{k = 1{,}16}$$

β) Temperaturabfall in den einzelnen Schichten.

Um nachzuforschen, wie weit die obigen Schätzungen der mittleren Temperatur für die Luftschicht und der Temperaturdifferenz Δ zwischen Luft und Wand richtig waren, sollen diese Werte nunmehr gerechnet werden. Es ist für

$$\text{Schicht I: } \Delta t_{\text{I}} = (t_1 - t_2)\frac{k}{\Lambda_{\text{I}}} \sim 20\,\frac{1{,}16}{4{,}17} = 5{,}6^0.$$

$$\text{Schicht II: } \Delta t_{\text{II}} = (t_1 - t_2)\frac{k}{\Lambda_{\text{II}}} \sim 20\,\frac{1{,}16}{4{,}49} = 5{,}3^0$$

$$\text{Schicht III: } \Delta t_{\text{III}} = 20\,\frac{1{,}16}{7{,}5} = 3{,}1^0$$

Temperaturunterschied zwischen der äußeren Luft und der äußeren Wandoberfläche:

$$\Delta = (t_1 - t_2)\,\frac{k}{\alpha} = 20 \cdot \frac{1{,}16}{7{,}5} = 3{,}0^0.$$

Es ist daher:

Lufttemperatur (Außenseite)	$t_1 = 20^0$ C,
Oberflächentemperatur der Schicht I außen	$\vartheta_1 = 17^0$,
Oberflächentemperatur der Schicht I, Luftschichtseite	$11{,}4^0$*)
Oberflächentemperatur der Schicht II, Luftschichtseite	$6{,}1^0$*)
Oberflächentemperatur der Schicht II Innenseite . .	$\vartheta_2 = 3{,}0^0$,
Lufttemperatur (Innenseite)	$t_2 = 0^0$

*) Mittlere Temperatur der Luftschicht: $8{,}7^0$.

γ) Korrektur der zuerst angenähert berechneten Wärmedurchlässigkeit.

Aus den so gefundenen Werten für die Temperaturen ergibt sich nach Tafel 13 für die richtige Mitteltemperatur von 8,7 °C $c = 0{,}895$ und daraus

$$\lambda' = 0{,}02 + 0{,}053 + 0{,}10 \cdot 0{,}895 \cdot 4{,}5 = 0{,}457$$

und

$$\Lambda_{II}' = \frac{0{,}457}{0{,}1} = 4{,}57 \text{ gegen früher } \Lambda_{II} = 4{,}49$$

und

$$\frac{1}{\Lambda'} = 0{,}24 + \frac{1}{4{,}47} + 0{,}133$$

$$\underline{\underline{\Lambda' = 1{,}69}}$$

eine ganz unwesentliche Änderung gegen den früher erhaltenen Wert von $\Lambda = 1{,}68$.

Die immerhin ganz rohe und mit einfachen Mitteln erreichbare Schätzung des Temperaturfaktors c ergab also eine ausreichend genaue Wärmedurchlässigkeitszahl.

δ) Fehler bei Vernachlässigung des Temperaturfaktors.

Um zu erkennen, welcher Fehler entstanden wäre, wenn man $c = 1{,}0$ gesetzt, also den Einfluß der Temperatur gar nicht berücksichtigt hätte, soll auch hierfür die Rechnung durchgeführt werden:

Es ist in diesem Falle für die Luftschicht:

$$\lambda' = 0{,}02 + 0{,}053 + 0{,}1 \cdot 4{,}3 = 0{,}503$$

und daraus:

$$\frac{1}{\Lambda'} = \frac{0{,}06}{0{,}45} + \frac{0{,}100}{0{,}503} + \frac{0{,}06}{0{,}25} = 0{,}133 + 0{,}199 + 0{,}240 = 0{,}572$$

$$\Lambda' = 1{,}75 \text{ gegen } \Lambda = 1{,}69$$

also ein Fehler von 3,5%.

Dieser Fehler erscheint zunächst nicht sehr bedeutend. Es ist zum Vergleich von Interesse, wie unsicher z. B. die Wärmeleitzahl der äußeren Betonschicht sein dürfte, um denselben Fehler zu verursachen.

Die beiden Werte $\frac{1}{\Lambda'}$ ergeben den Unterschied von 0,020. Es müßte also $\frac{1}{\Lambda_I} = 0{,}113$ statt 0,133 sein. Dies entspricht einem Werte $\lambda_I = 0{,}532$, während 0,45 angesetzt war. Der Fehler ist 18%. Die Entscheidung, ob ein solcher Fehler nach Lage der Verhältnisse möglich ist, ist auch dafür bestimmend, ob der Temperaturfaktor $c = 1$ gesetzt werden darf. Auf alle Fälle genügt aber eine auch nur angenäherte Schätzung von c.

Bei der Umständlichkeit des oben geschilderten Berechnungsweges ist man versucht, von vornherein für c einen ganz bestimmten Wert einzusetzen. Es empfiehlt sich für die meisten Fälle $c = 0{,}814$ entsprechend $t_1 = +20$ und $t_2 = -20^0$ C zu wählen. Die Entscheidung, ob von dieser Vereinfachung abgegangen werden muß, kann allgemein nicht dargelegt werden, sondern hängt von den besonderen Umständen ab.

b) Wände mit verschiedenem Aufbau der nebeneinander liegenden Teile.

Im vorhergehenden Abschnitt war angenommen, daß die Wand in ihrer ganzen Ausdehnung einheitliche Konstruktion oder gleiche Wärmedurchgangsverhältnisse aufweist. Dies trifft z. B. nicht mehr bei Fachwerkbauten zu. Auch eine Reihe anderer Wandkonstruktionen kommt vor, welche nicht überall gleiche Wärmedurchgangszahlen aufweisen. Immerhin läßt sich auch bei diesen eine Fläche herausgreifen, die, in steter Reihenfolge aneinandergesetzt, die Gesamtwandfläche bildet. Es sei z. B. als Fachwerkskonstruktion ein Rahmenbau aus Holz mit Ausmauerung der Zwischenräume angenommen, Fig. 16 zeigt die Vorderansicht einer solchen Wand.

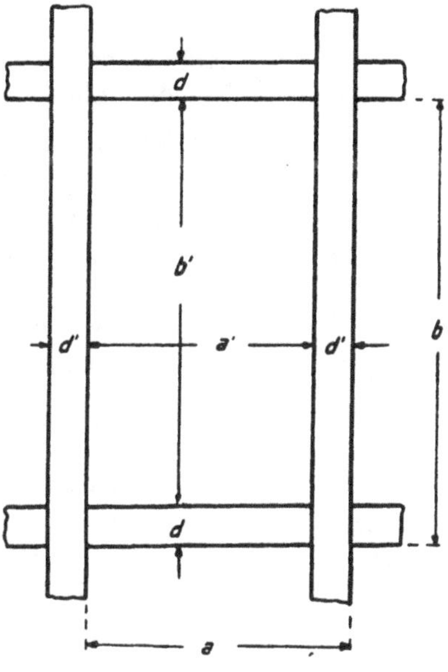

Fig. 16.

Für die Betrachtung sucht man zunächst die Einheitsfläche. Im vorliegenden Fall ist es die Fläche $F_e = a \cdot b$. Sie setzt sich aus zwei wärmetechnisch verschiedenen Teilen zusammen. Der eine Teil habe die Fläche $F_1 = a' \cdot b'$ und die Wärmedurchgangszahl k_1, der andere Teil die Fläche $F_2 = a \cdot d + b' d'$ und die Wärmedurchgangszahl k_2. Durch die erste Fläche geht pro Stunde die Wärme Q_1.

$$Q_1 = F_1 \cdot k_1 (t_1 - t_2)$$

wenn t_1 und t_2 die Lufttemperaturen auf beiden Seiten sind. Durch die zweite Fläche geht:

$$Q_2 = F_2 \cdot k_2 (t_1 - t_2).$$

Die gesamte durch die Einheitsfläche F_e gehende Wärme Q berechnet sich daher: $Q = Q_1 + Q_2 = (F_1 \cdot k_1 + F_2 \cdot k_1)(t_1 - t_2)$.

Nun kann man sich auch eine mittlere Wärmedurchgangszahl k_m für die Fläche F_e denken, so daß man auch schreiben kann:

$$Q = k_m \cdot F_e (t_1 - t_2).$$

Aus beiden Gleichungen folgt dann für k_m die Beziehung:

$$k_m \cdot F_e = F_1 \cdot k_1 + F_2 \cdot k_2$$

und da $F_e = (F_1 + F_2)$

$$k_m = \frac{F_1 \cdot k_1 + F_2 \cdot k_2}{F_1 + F_2} \qquad (30)$$

Will man nicht die mittlere Wärmedurchgangszahl k_m, sondern die Wärmedurchlässigkeitszahl Λ_m, so ist diese aus der Gleichung:

$$\frac{1}{\Lambda_m} = \frac{1}{k_m} - \left(\frac{1}{\alpha_1} + \frac{1}{\alpha_2}\right) \qquad (31)$$

zu berechnen[1]).

c) Rechnungsbeispiele für Wände beliebiger Bauart.

Neben der Anwendung der verschiedenen Formeln soll im nachfolgenden auch zahlenmäßig gezeigt werden, welche Bedeutung die Luftschichten bei verschiedenen Konstruktionen und welche Wirkung die in § 5 gegebenen Regeln haben.

α) Wärmedurchgang durch Fenster.

Vielfach wird als Beispiel für die ausgezeichnete Wärmeisolierung einer Luftschicht das Doppelfenster angeführt und es ist daher von Interesse, die Berechnung für das Einfach- und Doppelfenster durchzuführen.

Einfachfenster: 3 mm starke Scheibe.

Die Wärmedurchlässigkeit ist

$$\Lambda = \frac{\lambda}{\delta} = \frac{0{,}600}{0{,}003} = 200 \ \frac{\text{kcal}}{\text{m}^2\,\text{st}\,^0\text{C}}.$$

Die hohe Zahl von Λ weist darauf hin, daß die Glasscheibe wenig Isolierwirkung besitzt. Um den Wärmeverlust zu erhalten, ist die Wärmedurchgangszahl zu berechnen. Es seien als Lufttemperaturen $t_1 = +20$, $t_2 = -20^0$ C angenommen. Als Temperaturabfall zwischen Glas und Luft kann 9,5^0 C auf jeder Seite angenommen werden, da sich in der Glasscheibe wegen des kleinen Durchlässigkeitswiderstandes $\frac{1}{\Lambda}$ kein nennenswerter Temperaturabfall einstellen kann. Die Strahlungskonstante für Glas ist nach Tafel 17 $C_w = 4{,}0$ und daher bei Benutzung von Tafel 19

$$\alpha_{\text{innen}} = \alpha_{\text{außen}} = 3{,}96 + 4{,}0 \sim 7{,}9.$$

Die Wärmedurchgangszahl wird daher:

$$\frac{1}{k} = \frac{1}{7{,}9} + \frac{1}{200} + \frac{1}{7{,}9} = \frac{2}{7{,}9} + \frac{1}{200} = 0{,}273 + 0{,}005 = 0{,}258$$
$$98\% + \ \ 2\% = 100\%$$

und daraus

$$k = 3{,}88 \ \frac{\text{kcal}}{\text{m}^2\,\text{st}\,^0\text{C}}.$$

---

[1]) Eine der Gl. 30 ähnliche Beziehung auch für die Größe Λ_m aufzustellen, ist nicht möglich. Dies hätte nämlich Gleichheit der Oberflächentemperaturen an der Fläche F_1 und F_2 zur Voraussetzung, was wegen der Verschiedenheit der Werte von Λ_1 und Λ_2 nicht eintreten kann.

Aus den beigefügten Prozentzahlen ist ersichtlich, daß der gesamte Wärmedurchgangswiderstand zu 98% durch die Wärmeübergangswiderstände gedeckt wird. Dies ist ein großer Nachteil des Einfachfensters. Denn jede Änderung in den Wärmeübergangszahlen beeinflußt in außerordentlich hohem Maße den Wärmedurchgang[1]). Steigt z. B. infolge Windanfalles die Übergangszahl außen auf $\alpha_a = 25$, so ist

$$k = 5{,}8 \frac{\text{kcal}}{\text{m}^2 \text{ st } {}^0\text{C}}.$$

Einfachfenster sind daher äußerst ungünstig

1. wegen der an sich hohen Wärmedurchgangszahl, die das 2—4fache derjenigen einer normalen 38 cm starken Ziegelmauer ist,
2. wegen des hohen Verlustes bei Windanfall, also zu einer Zeit, in der ein guter Wärmeschutz besonders wichtig ist.

Doppelfenster:

Die beiden Glasscheiben seien $d = 10$ cm voneinander entfernt. Die Konstante für den Strahlungsaustausch wird nach Gleichung (14) (S. 25) gerechnet oder aus Tafel 11 oder Fig. 8 entnommen. Es ergibt sich $C^1 = 3{,}5$. Über den Temperaturverlauf werden folgende Annahmen gemacht: Die mittlere Temperatur der Luftschicht sei $\frac{t_1 + t_2}{2} = 0^0$ (Lufttemperaturen wie beim Einfachfenster). Der Temperaturunterschied zwischen Luft und Glas (ausgenommen die in der Zwischenschicht befindliche Luft) sei $\Delta = 4^0$ C. Dann ist nach Tafel 13 $c = 0{,}814$ und $\alpha_i = 3{,}1 + 4{,}0 = 7{,}1$. $\alpha_a = 3{,}3 + 4{,}0 = 7{,}3$.
Mit $c \cdot C^1 = 0{,}814 \cdot 3{,}5 \sim 2{,}8$ wird λ' aus Tafel 14 oder Fig. 9 erhalten zu

$$\lambda' = 0{,}353.$$

(Ein Vergleich mit den Zahlen der Tafel 1 läßt erkennen, daß die Luftschicht etwa mit Baugips in der Wirkung vergleichbar ist.)

Die Wärmedurchgangszahl wird:

$$\frac{1}{k} = \frac{1}{7{,}1} + \frac{0{,}003}{0{,}60} + \frac{0{,}10}{0{,}353} + \frac{0{,}003}{0{,}60} + \frac{1}{7{,}3} =$$

$$= 0{,}141 + 0{,}005 + 0{,}284 + 0{,}005 + 0{,}137 = 0{,}572$$

$$24{,}6\% + 0{,}9\% + 49{,}6\% + 0{,}9\% + 24\% = 100\%$$

und daraus $k = 1{,}75$ [2]).

---

[1]) Hier macht sich auch die bestehende Unsicherheit in der Kenntnis der α-Werte besonders geltend. Wenn in der Literatur daher für das Einfachfenster verschiedene Zahlen vorkommen, so rührt dies hauptsächlich von dieser Unkenntnis her, während sie bei Wänden mit ausreichendem Wärmeschutz ($\Delta \sim 1{,}5$) von geringerer Bedeutung ist.

[2]) Wäre $c = 1{,}00$ gesetzt worden, so würde $\lambda' = 0{,}423$ und $k = 2{,}0 \frac{\text{kcal}}{\text{m}^2 \text{ st } {}^0\text{C}}$ geworden. Der Wert von c mußte demnach in diesem Falle der Temperatur entsprechend gewählt werden.

Aus den prozentualen Anteilen ersieht man, daß nunmehr der halbe Gesamtwärmeschutz auf die Luftschicht, die andere Hälfte auf die Wärmeübergangswiderstände trifft, die Isolierwirkung des Glases ist unbedeutend.

Eine Nachprüfung der Temperaturverhältnisse ergibt für

$$\frac{\Delta}{t_1 - t_2} = \frac{k}{a}\,; \quad \Delta = \frac{40 \cdot 1{,}75}{7{,}1} \sim 10.$$

Es wäre also $a_i = 3{,}9 + 4{,}0 = 7{,}9$ zu setzen. Dies ergibt den genaueren Wert von

$$k = 1{,}83.$$

Mit einer Wärmeübergangszahl außen $a_a = 25$ ergibt sich:

$$k = 2{,}17 \frac{\text{kcal}}{\text{m}^2 \text{ st } ^0\text{C}}.$$

Die gleiche Änderung des Wertes a_a ergibt demnach beim Einfachfenster eine Steigerung des Wertes von

$$k = 3{,}88 \text{ auf } k = 5{,}8, \text{ also um ca. } 50\%,$$

beim Doppelfenster von

$$k = 1{,}83 \text{ auf } k = 2{,}17, \text{ also um ca. } 19\%.$$

Aus dem Vergleich der Durchgangszahlen an sich und der Betrachtung des Windeinflusses ergibt sich also deutlich die außerordentliche Überlegenheit des Doppelfensters in wärmetechnischer Hinsicht.[1])

Am Beispiel des Doppelfensters war die Wirkung der Luftschicht besonders hervorgetreten. Dies ist dadurch bedingt, daß die beiden Glasscheiben keinen wesentlichen Wärmeschutz bieten. Das Verhältnis ändert sich, wenn die Luftschicht zwischen dicken wärmeschützenden Wänden gelegen ist, wie im folgenden Beispiel gezeigt werden soll:

β) Hohlwand mit Pfeilern.

Die Wand nach beistehender Fig. 17 besteht aus 6 cm starken Platten aus Kiesbeton als äußere Wand, 6 cm starken Schlackenbetonplatten

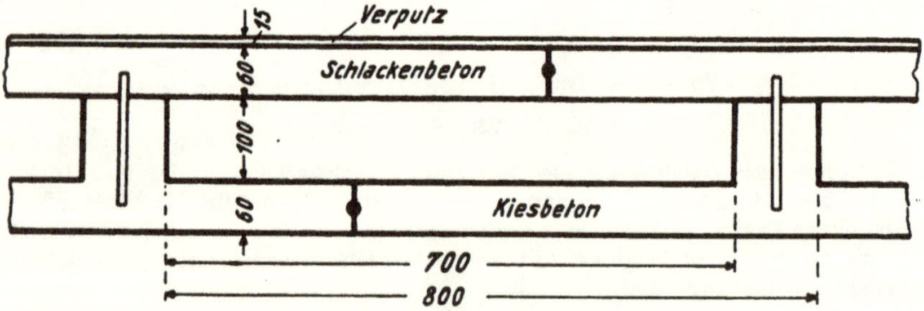

Fig. 17.

[1]) Über die Luftdurchlässigkeit siehe Seite 84.

als Innenwand, dazwischen 10 cm dicker Luftraum, Innenputz 1½ cm, in Abständen von 80 cm befindet sich ein Steg von 10 cm Breite aus Kiesbeton zur Verbindung beider Plattenwände.

1. Wärmedurchgang durch die Wandteile mit Luftschicht.

Die Berechnung soll unter Berücksichtigung der Wandfeuchtigkeit erfolgen. Als Wärmeleitzahl für Kiesbeton kann man eine kleinere Feuchtigkeit annehmen als im Beispiel Seite 21, weil bei der geringen Plattendicke ein leichteres Austrocknen möglich ist. Man kann daher mit $\lambda \sim 0{,}85$ bei etwa 5% Feuchtigkeitsgehalt rechnen. Für die innere Plattenwand aus Schlackenbeton kann trockener Zustand angenommen werden, also $\lambda \sim 0{,}30$ (Raumgewicht etwa 1000 kg/cbm). Für die Luftschicht ist die Strahlungskonstante der einzelnen Flächen $C_1 = 4{,}5$ und die Konstante des gesamten Strahlungsaustausches $C^1 = 4{,}3$. Die Berechnung werde für die Temperaturdifferenz $t_1 - t_2 = +20 - (-20) = 40^0$ durchgeführt, also $\frac{t_1 + t_2}{2} = 0^0$ (wie bei dem Doppelfenster). Man schätzt nach Seite 44 die Temperaturdifferenz zwischen Wand und Luft zu $\frac{\Delta}{t_1 - t_2} = \frac{1}{6{,}0}$ also $\Delta = 7^0$ und $\alpha = (3{,}6 + 4{,}5) = 8{,}1$. Der Temperaturfaktor für die Luftschicht ist bei 0^0 C $c = 0{,}814$, also der Strahlungsfaktor $c \cdot C^1 = 0{,}814 \cdot 4{,}3 = 3{,}5$ und die äquivalente Wärmeleitzahl $\lambda' = 0{,}422$. Die Wärmedurchgangszahl wird:

$$\frac{1}{k_1} = \frac{1}{8{,}1} + \frac{0{,}06}{0{,}85} + \frac{0{,}10}{0{,}422} + \frac{0{,}06}{0{,}30} + \frac{0{,}015}{0{,}70} + \frac{1}{8{,}1} =$$

$$= 0{,}123 + 0{,}071 + 0{,}237 + 0{,}200 + 0{,}022 + 0{,}123 = 0{,}776$$

$$= 15{,}8\% + 9{,}2\% + 30{,}5\% + 25{,}7\% + 3\% + 15{,}8\% =$$

$$k_1 = 1{,}29 \, [\Lambda_1 = 1{,}89] \frac{\text{k cal}}{\text{m}^2 \text{ st } {}^0\text{C}}.$$

Bei Betrachtung der prozentualen Anteile fällt besonders auf, daß die Luftschicht nicht mehr in dem hohen Maße am Gesamtwärmeschutz beteiligt ist wie im Falle des Doppelfensters. Dies rührt daher, daß im Gegensatz zum Doppelfenster auch noch andere wärmeschützende Bestandteile vorhanden sind und der an sich fast gleich große Wärmedurchlässigkeitswiderstand der Luftschicht nicht mehr den großen Einfluß auf den Gesamtwiderstand hat.

Wie später gezeigt wird, soll die Wärmedurchlässigkeit einer Wandkonstruktion für bewohnbare Räume nicht größer als $\Lambda = 1{,}5$ sein. Die Betonhohlwand muß also verbessert werden. Dies kann in einfacher und wirksamer Weise durch Ausfüllen der Luftschicht mit Füllstoffen geschehen. Welche Stoffe (Tafel 1) eine Verringerung des Wärmedurchganges bringen, läßt sich mit Hilfe der für die Luftschicht geltenden äquivalenten Wärmeleitzahl entscheiden. Diese war $\lambda' = 0{,}422$. Alle

Füllstoffe mit niedrigerer Leitzahl sind brauchbar, also z. B. bereits trockener Kies mit $\lambda = 0{,}32$. Vor allem aber Kesselasche, Schlacke mit $\lambda = 0{,}15$. Die Wärmedurchlässigkeit würde im letzteren Falle:

$$\frac{1}{\Lambda_1'} = \frac{0{,}06}{0{,}85} + \frac{0{,}10}{0{,}15} + \frac{0{,}06}{0{,}30} + \frac{0{,}015}{0{,}70} = 0{,}96$$

$$\text{und } \Lambda_1' = 1{,}04 \, \frac{\text{kcal}}{\text{m}^2 \text{st} \, {}^0\text{C}}$$

$$\frac{1}{k_1'} = \frac{2}{8{,}1} + \frac{1}{1{,}04} = 1{,}206$$

$$k_1' = 0{,}83 \, \frac{\text{k cal}}{\text{m}^2 \, \text{st} \, {}^0\text{C}}.$$

2. Wärmedurchgang durch die Stege.

Die Luftschicht wird an diesen Stellen durch Stege aus Beton ersetzt. Statt einer Wärmeleitzahl $\lambda' = 0{,}422$ wird also Material mit $\lambda \sim 0{,}85$ verwendet, der Wärmedurchgang daher nicht unwesentlich erhöht. Die Wärmedurchlässigkeitszahl wird

$$\frac{1}{\Lambda_2} = \frac{0{,}16}{0{,}85} + \frac{0{,}06}{0{,}30} + \frac{0{,}015}{0{,}68}$$

$$0{,}188 + 0{,}200 + 0{,}022 = 0{,}410$$

$$\Lambda_2 = 2{,}44 \, \frac{\text{kcal}}{\text{m}^2 \, \text{st} \, {}^0\text{C}}$$

Es ist nach Seite 44 für $\Lambda_2 = 2{,}44$ und $C_w = 4{,}5$

$$\frac{\Delta}{t_1 - t_2} = \frac{1}{5{,}7}$$

also

$$\Delta = \frac{40}{5{,}7} = 7^0$$

zu setzen. Es wird (Tafel 19) $\alpha' = 3{,}6$ und $\alpha = 3{,}6 + 4{,}5 \sim 8{,}1$ (praktisch gleich dem α für die Plattenwand).

Die Wärmedurchgangszahl folgt nunmehr zu:

$$\frac{1}{k_2} = \frac{2}{8{,}1} + \frac{1}{2{,}44} = 0{,}247 + 0{,}410 = 0{,}657$$

$$k_2 = 1{,}53 \, \frac{\text{k cal}}{\text{m}^2 \, \text{st} \, {}^0\text{C}}.$$

Der Wärmedurchgang ist demnach an den Verbindungsstellen wesentlich größer, man spricht daher von »Wärmebrücken«.

3. Mittlere Wärmedurchgangszahl.

Die Einheitsfläche ist 80 cm breit (Abstand der Stege) und beliebig hoch, da in der Höhe die Konstruktion keine Verschiedenheiten aufweist. Man nimmt der Einfachheit halber die Höhe zu 1 m an. Die Stege sind 10 cm breit. In Gl. (30) ist also:

$$F_1 = (0{,}7 \cdot 1)\,\mathrm{m}^2;\ F_2 = 0{,}1 \cdot 1 \cdot \mathrm{m}^2$$

und demnach bei der Wand ohne Füllung

$$k_m = \frac{1{,}29 \cdot 0{,}7 + 1{,}53 \cdot 0{,}1}{0{,}7 + 0{,}1}$$

$$k_m = \frac{0{,}903 + 0{,}154}{0{,}80} \sim 1{,}33 \quad \frac{\mathrm{kcal}}{\mathrm{m}^2\,\mathrm{st}\,{}^0\mathrm{C}}\,.$$

Bei der mit Schlacke ausgefüllten Wand:

$$k_m = \frac{0{,}83 \cdot 0{,}7 + 1{,}54 \cdot 0{,}1}{0{,}7 + 0{,}1} =$$

$$k_m = 0{,}92 \quad \frac{\mathrm{kcal}}{\mathrm{m}^2\,st\,{}^0\mathrm{C}}\,.$$

Aus den in § 9 auseinanderzusetzenden Gründen ist für bewohnbare Räume die Wandkonstruktion ohne Ausfüllung der Luftschicht wegen des hohen Wärmeverlustes und vor allem wegen der Schwitzwasserbildung nicht zu empfehlen. Aber auch die Wand mit ausgefüllten Luftschichten ist aus dem letzten Grunde bedenklich, denn die Gefahr der Schwitzwasserbildung ist an den Stegen (Wärmebrücken) nicht beseitigt. Diesen Nachteil sucht man auf verschiedene Weise zu beheben. Es seien nur einige Beispiele hierfür erwähnt:

a) Die beiden Plattenwände werden mit Eisen verstrebt, die Enden der Eisenteile gehen dabei nicht von einer Oberfläche der Wand zur anderen, sondern liegen in der Mitte der Platten. Fig. 18 zeigt ein Beispiel hierfür.

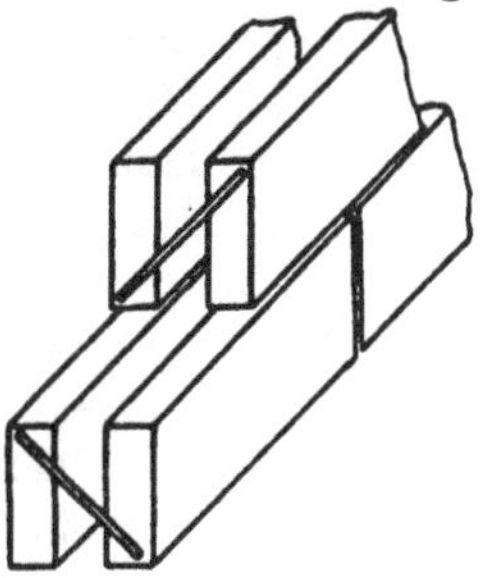

Fig. 18.

b) Es werden die Steine so ausgebildet, daß ein Teil der Luftschichten gegeneinander versetzt ist, wie Fig. 19 zeigt.

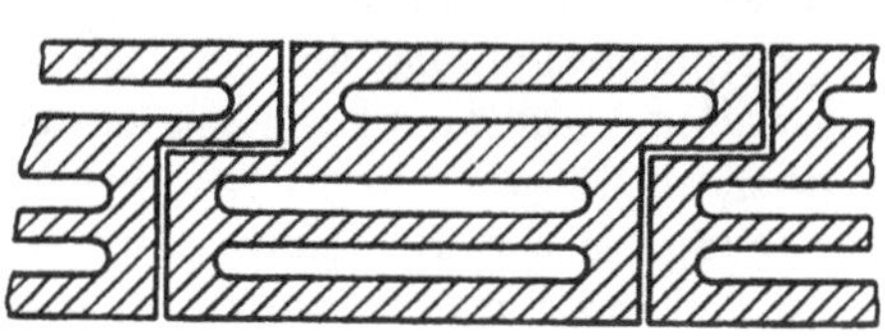

Fig. 19.

4. Ungefähres Bild der Temperaturen an der Wandoberfläche.

Mit Hilfe der Zahlen α_i, α_a und k_1 bzw. k_2 lassen sich die Oberflächentemperaturen nach der früher gegebenen Regel (S. 47) berechnen:

Würde die Wand nur aus Teil I bestehen, so erhält man die Oberflächentemperatur auf dem Verputz der Innenseite (Fig. 17) aus folgender Gleichung:

$$(t_1 - \vartheta_1) : (t_1 - t_2) = \frac{1}{\alpha_i} : \frac{1}{k_1}$$

daraus

$$(20 - \vartheta_1) = \frac{1{,}29}{8{,}1} \cdot 40 = 6{,}4^0$$

also

$$\vartheta_1 = 13{,}6^0.$$

Würde die Wand nur aus Teil II bestehen, so wird in ähnlicher Weise

$$(20 - \vartheta'_1) = \frac{k_2}{\alpha_2}(t_1 - t_2) \text{ und } \vartheta'_1 = 12{,}6^0$$

Die Wand ist daher an den Stegflächen kälter als im Mittelteil.

§ 8. Wärmedurchgang durch kleine Luftzellen.

(Hohlsteine.)

Die im vorstehenden Abschnitt dargelegte Berechnungsmethode hatte zur Voraussetzung, daß die seitliche Ausdehnung der Luftschicht groß ist gegenüber ihrer Dicke. Diese Annahme trifft nicht mehr zu für die sog. Hohlsteine, gleichviel, ob es sich um runde oder eckige, kanalartige Hohlräume handelt. Nach Versuchen[1]) mit Hohlziegeln zeigte sich, daß der Wärmedurchgang sich nicht ändert, gleichviel ob die Längsachse der Kanäle horizontale oder vertikale Lage besitzt. Dies ist nur dann möglich, wenn die durch Konvektion der Luft übergehende Wärme sehr klein ist. Man darf daher für kleine Hohlräume λ_K gleich Null setzen.

Genauere Betrachtung verdient noch die durch Strahlung ausgetauschte Wärmemenge. Die Berechnung derselben ist sehr verwickelt, weil auch die Stege am Strahlungsaustausch teilnehmen. Würde man diese Seitenstrahlung, wie der Strahlungseinfluß der Stege weiterhin bezeichnet sei, in der Berechnung völlig unberücksichtigt lassen, so würde die durch Strahlung übergehende Wärme vielleicht zu niedrig berechnet werden. Grundsätzlich ist die wenigstens angenäherte Berechnung der durch Seitenstrahlung übergehenden Wärme möglich, sie ist aber außerordentlich umständlich und zeitraubend. Es soll daher von einer näheren Darlegung dieser Berechnungsart abgesehen werden, besonders auch deswegen, weil ihre absolute Richtigkeit bisher noch nicht ausreichend erprobt erscheint. Der sicherste Weg zur Bestimmung des Wärmedurchganges ist jedenfalls derjenige des Versuchs. In den Tafeln 1 und 6 sind einige solcher Zahlen enthalten.

[1]) Poensgen, Über den Wärmeschutz von Hohlziegeln, Gesundheitsingenieur 1915, S. 513.

Wenn sonach noch kein genauer Weg zur Berechnung gegeben werden kann, so ändert dies nichts an der Notwendigkeit, in manchen Fällen den Wärmedurchgang wenigstens näherungsweise kennen zu lernen, ohne daß erst ein Versuch abgewartet werden muß. Handelt es sich dabei um rechteckige Luftkanäle, so kann vorläufig folgender einfacher Weg zu einer »rechnerischen Schätzung« begangen werden.

Man rechnet die äquivalente Wärmeleitzahl λ' der Luftschicht nach der Formel:

$$\lambda' = \lambda_0 + \lambda_K + c\, C^1 \cdot d \cdot \varphi \quad . \quad . \quad . \quad . \quad . \quad . \quad (32)$$

Der Faktor φ gibt dabei an, um wieviel die durch Strahlung übergehende Wärme bei Vorhandensein der Stege gegenüber dem in § 5 behandelten Fall des mangelnden Stegeinflusses vergrößert wird.

Der Einfluß der Seitenstrahlung ist vor allem von dem räumlichen Winkel abhängig, unter dem die sich zustrahlenden Flächenteile des Steges und der oberen und unteren Wand einander erscheinen. Der Faktor φ wird also in erster Linie vom Seitenverhältnis beeinflußt.

Nach den wenigen bisher vorliegenden Versuchen ist die Größe von φ noch nicht genau bekannt, es genügt aber $\varphi = 1{,}2$ bei einem Seitenverhältnis des rechteckigen Kanalquerschnittes von 1 : 2 zu setzen (der Steg ist dabei die kürzere Seite). φ ist entsprechend zu verkleinern, wenn das Rechteck langgestreckter wird.

Die für Auffindung der äquivalenten Wärmeleitzahlen λ' zusammengestellten Tafeln 14 und 15 sowie das Diagramm Fig. 9 und 10 sind auch für Hohlräume (rechteckig) anwendbar, wenn das Aufsuchen der Zahlen nicht mit dem Faktor $(c \cdot C^1)$ geschieht, sondern mit dem Faktor $(\varphi \cdot c \cdot C^1)$.

Im übrigen wird die Berechnung nach der in § 7b gegebenen Anleitung vorgenommen.

§ 9. Höchstzulässige Wärmedurchgangszahl von Außenmauern. (Vermeidung von Schwitzwasser.)

Der Wunsch größtmöglicher Baustoffersparnis, welche in gleicher Weise aus finanziellen Gründen und infolge der Brennstoffnot angestrebt wird, findet eine untere Grenze durch die Betrachtung des Wärmebedarfs und der zur Beheizung erforderlichen Brennstoffmengen. Es wäre außerordentlich schwer, die auf Grund einer solchen Betrachtung hervorgehende Frage nach dem mindestens erforderlichen Wärmeschutz zu beantworten. Rein theoretisch ist dieser Wärmeschutz aus der Bedingung[1]) ableitbar, daß die Summe aus den Baukosten und dem Kapitalwert der im Laufe der Jahre anfallenden Beheizungskosten einen Kleinst-

[1]) Knoblauch-Hencky, Der Wärmeschutz der Gebäude, ein Grunderfordernis sparsamer Bauweise. Sitzungsberichte des Reichsverbandes zur Förderung sparsamer Bauweisen 1919, Probeheft.

wert erreicht. Die praktische Durchführung der Rechnung hätte nur Augenblickswert, weil die Zeit normaler Preisgestaltung noch nicht abgesehen werden kann. Eine Bauweise, die heute relativ billig erscheint, wird, in Massenherstellung aufgenommen, sofort von Spekulanten erfaßt und ist auf diese Weise sehr bald die teuerste Bauweise (vgl. die Vorgänge bei Lehmsteinbauten, Holzhäusern). Erst mit der Gesundung unseres Geschäftslebens haben Rentabilitätsberechnungen einen bleibenden Wert für die Auswahl der Wärmedurchgangszahl nach der obigen Gesetzmäßigkeit.

Es ist ein glücklicher Umstand, daß ein zweites Kriterium für die Wahl der höchstzulässigen Wärmedurchlässigkeit oder des mindestens erforderlichen Wärmeschutzes vorhanden ist, nämlich die Gefahr des Wasserniederschlages im Innern der Wohnräume. Es scheint sogar, daß dieses Kriterium von entscheidender Bedeutung ist, weil nach bisherigen Rechnungen[1]) über die Rentabilität kleinere Wärmedurchgangszahlen zulässig wären, als es die Beachtung der sog. Schwitzwassererscheinung ergibt. Es soll daher auf dieselbe näher eingegangen werden.

Der Feuchtigkeitsniederschlag (Schwitzwasser) an den Innenwänden hängt in erster Linie von dem Feuchtigkeitsgehalt der Raumluft ab. Eine bestimmte Menge Luft vermag bei gegebener Temperatur eine ganz bestimmte Menge Feuchtigkeit, welche nicht überschritten werden kann, in Dampfform aufzunehmen. Hat eine Luft diesen maximal möglichen Feuchtigkeitsgehalt, so heißt man die Luft »gesättigt«. Diese Maximalfeuchtigkeit ist bei verschiedenen Temperaturen verschieden groß, wie Tafel 20 angibt.

Tafel 20.

Maximaler Feuchtigkeitsgehalt der Luft.

(Taupunkt)

Temperatur in °C	Wasserdampf in g/cbm	Temperatur in °C	Wasserdampf in g/cbm
— 10	2,14	11	10,0
— 8	2,54	12	10,7
— 6	2,99	13	11,4
— 4	3,51	14	12,1
— 2	4,13	15	12,8
0	4,84	16	13,6
+ 2	5,6	17	14,5
4	6,4	18	15,4
5	6,8	19	16,3
6	7,3	20	17,3
7	7,8	21	18,3
8	8,3	22	19,4
9	8,8	23	20,6
10	9,4	24	21,8

[1]) Weber H., Zeitschrift Hoch- und Tiefbau, Zürich 1920, S. 130, S. 141, S. 151.

Die gewöhnlich vorhandene Luft enthält im allgemeinen weniger Wasserdampf als dem gesättigten Zustand entspricht. Man bezeichnet nun das Verhältnis des wirklich vorhandenen Wassergehaltes zu dem maximalmöglichen als »relative Feuchtigkeit«. Diese wird durch die handelsüblichen Hygrometer angezeigt. Dem gesättigten Zustand entspricht dabei die Angabe 100%.

Es enthalte z. B. Luft von 15° C 8,96 g Wasser. In gesättigtem Zustand könnten (Tafel 20) 12,8 g vorhanden sein. Die relative Feuchtigkeit ist also $\frac{8,96}{12,8} = 0,7$ oder 70%. Wie Tafel 20 angibt, wäre die Luft mit 8,96 g/cbm Wasser dann gesättigt, wenn sie eine Temperatur von 9,1° hätte. Man kann also die anfänglich vorhandene Luft von 15° C und 70% Feuchtigkeit in den gesättigten Zustand überführen, wenn man sie auf 9,1° C abkühlt. Diese Temperatur heißt auch Taupunkt, weil jedes weitere Sinken der Temperatur ein Ausfällen der Feuchtigkeit zur Folge hat.

In einem der Abkühlung unterworfenen Raume kommt nun die warme Innenluft mit den niedriger temperierten Begrenzungswänden in Berührung und kühlt sich dabei ab, wodurch eine ähnliche Änderung der prozentualen Feuchtigkeit eintritt wie in obigem Beispiele. Ist die Oberflächentemperatur sehr niedrig, dann tritt unter Umständen ein Feuchtigkeitsniederschlag auf, welcher entweder sogleich von der Mauer aufgenommen wird und so zu einer Durchfeuchtung der innersten Schicht führt oder an der Oberfläche sichtbar in Tropfenform herabfließt, wenn die Wand für Wasser nicht aufnahmefähig ist, z. B. bei Ölanstrich.

Die Oberflächentemperatur ist nun bedingt von den Größen, welche den Wärmedurchgang bestimmen, wie aus folgendem hervorgeht.

Die pro Stunde und qm Fläche durch die Wand hindurchgehende Wärme ist:

$$Q = k\ (t_1 - t_2)$$

oder nach Gl. (4)

$$Q = a_1\ (t_1 - \vartheta_1)$$

Die Vereinigung beider Gleichungen gibt

$$k = a_1 \frac{t_1 - \vartheta_1}{t_1 - t_2}.$$

Die Gleichung bringt zum Ausdruck, daß bei einer bestimmten Wärmeübergangszahl a_1 und konstanten Temperaturen t_1 und t_2 die Oberflächentemperatur ϑ_1 umso kleiner wird, je größer die Wärmedurchgangszahl k ist. Soll nun, wie im vorliegenden Falle, ϑ_1 einen bestimmten Wert, eben jenen Taupunkt, der mit t_s bezeichnet werde, nicht unterschreiten, so entspricht diesem minimal zulässigen Wert von $\vartheta_1 = t_s$ eine bestimmte Wärmedurchgangszahl k, welche nicht überschritten werden darf. Dieser Wert von k, welcher mit k_{max} bezeichnet werden soll, ergibt sich dann zu

$$k_{\max} = \alpha_1 \frac{t_1 - t_s}{t_1 - t_2}\text{[1]}. \quad \ldots \ldots \quad (33)$$

In dem vorher angegebenen Beispiel bei $t_1 = 15^0$ C und 70% Feuchtigkeit wäre $t_s = 9{,}1^0$ C. Nimmt man die tiefste im Winter vorkommende Temperatur zu $t_2 = -20^0$ und $\alpha_1 = 7$ an, dann wird

$$k_{\max} = 7 \cdot \frac{15 - 9{,}1}{15 - (-20)} = 1{,}18 \ \frac{\text{k cal}}{\text{m}^2 \text{ st } {}^0\text{C}}.$$

Diese Zahl gilt etwa für die 1½ Stein starke Ziegelmauer.

Es ist nun auch von besonderem Interesse, den Einfluß der Änderung von α_1 und $(t_1 - t_2)$ in seinen Folgen auf k_{max} zu betrachten.

1. Änderung von α_1.

Die Änderung von k_{max} ist direkt proportional derjenigen von α_1. In den Ecken eines Raumes ist die Luftbewegung wegen der Eingeschlossenheit derselben besonders niedrig und infolgedessen α_1 klein (§ 6). Daher wird auch k_{max} für diese Stellen kleiner als für die Mittelteile der Wand (α größer). Da die Wand in der Ausführung überall einen gleich großen Wärmedurchgang hat, so wird der Wasserniederschlag zuerst in den Ecken auftreten müssen.

Eine zweite praktische Anwendung ergibt sich bei Fenstern. Diese haben stets eine zu große Wärmedurchgangszahl und zeigen daher am häufigsten Schwitzwasser. Bei Schaufenstern z. B. empfindet man dies sehr lästig. Abhilfe kann durch einen Wirbelventilator geschaffen werden. Derselbe erhöht den Wert von α bedeutend und erzielt eine Annäherung des Wertes k_{max} an den für das Fenster geltenden k-Wert.

2. Änderung von $t_1 - t_2$.

Im allgemeinen hat man mit konstanter Innentemperatur t_1 zu rechnen und es ändert sich nur t_2. Je niedriger also t_2 wird, desto kleiner ist k_{max} und das für die Ausführung zulässige k. Für t_2 ist daher der niedrigste je nach den klimatischen Verhältnissen vorkommende Wert einzuführen. Außerdem ist zu beachten, daß diese niedrige Temperatur einige Tage anhalten muß, damit die Abkühlung bis an die inneren Mauerteile vordringen kann. Denn die obige Gleichung trifft nur für den sog. Dauerzustand zu.

Mit obiger Rechnung stehen die praktischen Erfahrungen in Einklang, nach welchen die 1½ Stein starke Ziegelmauer im allgemeinen kein Schwitzwasser zeigt, dagegen tritt sie bei der nur 1 Stein starken Mauer auf. Lediglich die ungünstigen Wind- und Temperaturverhält-

[1]) Eine Darstellung dieser Formel in Diagrammform findet sich: K. Hencky, Gesundheitsingenieur 1917, S. 485. Vgl. auch Knoblauch-Noell, Vermeidung von Schwitzwasser in Obstkellern. Gesundheitsingenieur 1916, S. 153.

nisse Ostpreußens rufen auch bei der 1½ Stein starken Mauer noch Niederschläge hervor.

Es kann daher der Wärmedurchgang der 1½ Stein starken Ziegelmauer als höchstzulässig angesehen werden; wo irgend möglich ist aber ein noch geringerer Wärmedurchgang anzustreben.

In diesem Sinne kann die 1½ Stein starke Ziegelmauer als Normalwand bezeichnet werden, mit welcher daher bezüglich des Wärmedurchganges alle anderen Wandkonstruktionen vielfach in Vergleich gesetzt werden.

§ 10. Grundsätze für die vergleichende Betrachtung der Wärmedurchlässigkeit verschiedener Wände.

Aus den Darlegungen des § 4b ist ersichtlich, daß unsere Kenntnis der in den praktischen Fällen zutreffenden Wärmeleitzahlen noch keineswegs genügend ist, weil insbesondere über den Feuchtigkeitsgehalt der Wände keine ausreichenden Zahlen vorliegen. Dies ist auch ein Grund, weshalb die genaue Berechnung des gesamten Wärmebedarfes eines Hauses auf Schwierigkeiten stößt. Bei der wärmetechnisch richtigen Auswahl kann man die Feststellung des gesamten Wärmebedarfes in vielen Fällen entbehren, weil man die Bauweisen unter den gleichen äußeren Verhältnissen betrachtet, also gleiche Lufttemperaturen, gleiche Grundrißeinteilung, gleiche Fenster, gleiche Windverhältnisse voraussetzt. Es kommt deshalb nur darauf an, welche Wandkonstruktion im Wärmedurchgang die günstigere ist, vor allem aber handelt es sich oft nur um die Feststellung, ob die Wärmedurchlässigkeitszahl der Normalmauer nicht überschritten wird. Es ist daher zweierlei zu unterscheiden:

1. Soll ein zahlenmäßiger Vergleich des Wärmedurchgangs verschiedener Wandkonstruktionen durchgeführt werden, so müssen die Wärmedurchgangszahlen k unter Annahme der von Fall zu Fall verschiedenen Wärmeübergangsverhältnisse berechnet werden.
2. Ist nur ein qualitativer Vergleich oder die Feststellung, ob der Wert der Normalwand nicht überschritten wird, erforderlich, so genügt es, die Wärmedurchlässigkeit Λ zu berechnen, die Kenntnis der α-Werte ist also entbehrlich.

Die Durchführung eines solchen Vergleiches[1]) gelingt bei der erwähnten unvollständigen Kenntnis der Wärmeleitzahlen nur dann mit genügender Annäherung, wenn folgende Grundsätze[2]) beachtet werden:

---

[1]) Die Luftdurchlässigkeit ist gesondert zu betrachten und beim Vergleich über den gesamten Wärmeverlust (Wärmebedarfszahl) heranzuziehen. (Vergleiche Teil II u. III.)

[2]) Vergleiche auch: Knoblauch-Hencky, Gesundheitsingenieur 1920, S. 73 und Bayr. Industrie- und Gewerbeblatt 1920, S. 11.

1. In erster Linie sind für die Berechnung der Wärmedurchlässigkeit die Materialkonstanten zugrunde zu legen, welche den normalen Verhältnissen der Praxis (normal feuchter Zustand) möglichst entsprechen. Liegen daher über alle zu betrachtenden Bauweisen die entsprechenden Zahlen vor, so sind diese zu benützen.

2. Wenn mangels genauer Kenntnis des Feuchtigkeitsgehaltes der verschiedenen Mauern oder des Einflusses, den die Feuchtigkeit auf die Wärmeleitzahl ausübt, die streng wissenschaftliche Berechnung der den tatsächlichen Verhältnissen Rechnung tragenden Wärmedurchlässigkeitszahl zurzeit noch nicht möglich ist, bleiben für eine Vergleichsberechnung dann zwei Auswege:

   a) Es werden die Wärmeleitzahlen für den trockenen Zustand benützt und mit einem aus den Darlegungen des § 4b und etwa eigenen Erfahrungen geschätzten Zuschlag versehen

   b) Man berechnet die Λ-Werte aus dem λ ihrer Bestandteile im trockenen Zustand, wenn die Annahme zulässig ist, daß die Erhöhung der λ-Werte infolge von vorhandener Feuchtigkeit bei den verschiedenen Bauweisen gleichmäßig ist. Unter dieser Voraussetzung gibt dann das Verhältnis der Λ-Werte im trockenen Zustand auch das Verhältnis in normalfeuchtem Zustand wieder. Zum Vergleich muß dabei natürlich auch die Wärmedurchlässigkeit der Ziegelmauer im trockenen Zustand herangezogen werden.

Für die Genauigkeit des auf die angegebenen Arten aufgestellten Vergleichs ist entscheidend, wie genau die gewählten λ-Werte bekannt sind. Einwandfreiheit kann lediglich nur in der systematischen Weise der Berechnung angestrebt und erreicht werden, welche die Grundvoraussetzung für die Richtigkeit der k- oder Λ-Werte ist.

Wie die Tabellen 1—7 und die daran anschließenden Betrachtungen (S. 12) zeigen, genügt es dabei nicht, den Namen des Materials, wie Kalksandstein oder Korkstein zu kennen. Dies sind nur Gattungsbezeichnungen, aber keine präzisen Benennungen im wärmetechnischen Sinne[1]). Es muß vielmehr das Raumgewicht der zur Verfügung stehenden Steinsorte zugrunde gelegt werden.

---

[1]) Dieser Tatbestand verdient auch bei Wärmebedarfsberechnungen Beachtung. Stellt man bei derselben nur die Bedingung, daß die Heizungsanlage nicht zu klein wird, so muß man mit den bei einer Steinsorte höchstvorkommenden λ-Werten rechnen. Dies hat den Nachteil, daß oftmals die Anlage zu groß ausfällt (vergl. Kalksandstein $\lambda = 0{,}58 \sim 0{,}79$). Im Kühlhausbau hat man bei Verwendung der Isoliermaterialien diesen Verhältnissen schon früher Rechnung getragen, indem die Wärmeleitzahl des speziell zu verwendenden Isolierstoffes in die Rechnung eingeführt wird und nicht die Zahl des schlechtesten im Handel befindlichen Isoliermaterials.

§ 11. Allgemeine Gesetzmäßigkeiten über die Wärmeleitfähigkeit der verschiedenen Stoffe.

Neben der Berechnung des von einer Wand beliebiger Zusammensetzung gebotenen Wärmeschutzes ist es noch von großem Interesse, auf die allgemeinen Gesetzmäßigkeiten über die Wärmeleitfähigkeit der verschiedenen Stoffe einzugehen. Man wird dabei den Unterschied zwischen den Luftschichten und den festen Körpern verschwinden sehen und trotz der Verschiedenheit der Stoffe und der bisherigen getrennten Berechnungsweise für die Gesetze der Wärmedurchlässigkeit eine ganz einheitliche Erklärung finden.

Zu diesem Zwecke knüpft man an die Gleichung an, welche den Wärmeübergang durch Strahlung beschreibt.

Die Wärmemenge Q_s, welche von einer Fläche F ausgestrahlt wird, war abhängig von der absoluten Temperatur Θ und dem Strahlungsvermögen C_w der Wand. Sie ist berechenbar mit Hilfe der Gleichung:

$$Q = C_w \cdot F\,\Theta^4.$$

Nunmehr denke man sich den Hohlraum durch mehrere Scheidewände, z. B. drei (Fig. 20), getrennt, so daß vier Zwischenräume entstehen. Das Strahlungsvermögen sämtlicher Wände sei gleich groß, also auch die für den Austausch in Frage kommende Konstante C^1. Für den Wärmedurchgang durch Strahlung bei einer solchen Wand kann man folgende Gleichungen ansetzen:

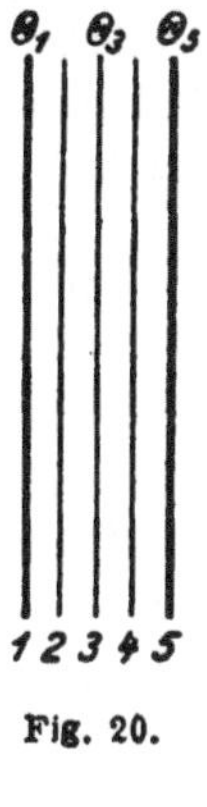

Fig. 20.

Für den Durchgang durch die erste Schicht (Wand 1 bis Wand 2) $Q = C^1 (\Theta_1^4 - \Theta_2^4)$.

Diese Wärme Q, welche durch die erste Schicht dringt, geht auch durch die folgenden Schichten in derselben Größe. Es gilt also für die zweite Schicht:

$$Q = C^1 (\Theta_2^4 - \Theta_3^4)$$

für die dritte Schicht:

$$Q = C^1 (\Theta_3^4 - \Theta_4^4)$$

und für die vierte:

$$Q = C^1 (\Theta_4^4 - \Theta_5^4)$$

Addiert man nun sämtliche vier Gleichungen, so folgt

$$4 \cdot Q = C^1 (\Theta_1^4 - \Theta_5^4)$$

oder

$$Q = \frac{C^1 (\Theta_1^4 - \Theta_5^4)}{4} \quad \ldots\ldots\ldots \quad (34)$$

Nimmt man nun die Zwischenschichten heraus, so findet der Strahlungsaustausch zwischen der ersten und fünften Wand direkt statt, die durchgehende Wärme Q' ist in diesem Falle

$$Q' = C^1 (\Theta_1^4 - \Theta_5^4) \quad \ldots\ldots\ldots \quad (35)$$

also gerade die im Zähler der rechten Seite von Gl. (34) stehende Größe.

Es ist

$$Q' = 4Q$$

Es folgt also, daß die durch Strahlung in einer Luftschicht gegebener Dicke übergehende Wärme viermal kleiner wird, wenn diese in vier hintereinanderliegende Zwischenschichten zerteilt wird.

Es läßt sich leicht nachweisen, daß dieses Gesetz für jede beliebige Anzahl von Unterteilungen Gültigkeit hat.

In einem mit Luft erfüllten Raum kommt zu der Strahlung noch Wärmeleitung und Konvektion hinzu, so daß obige Regel für den gesamten Wärmeaustausch nicht mehr streng richtig ist, sie gilt aber um so angenäherter, je größer die Strahlungskonstante ist, weil dann die durch Strahlung ausgetauschte Wärme den Hauptanteil an der gesamten Wärmedurchlässigkeit bildet (S. 37).

Die obige mehr mathematische Ableitung läßt sich noch durch folgende Vorstellung ergänzen.

Zwischen der ersten und fünften Wand möge eine Temperaturdifferenz von 20° C vorhanden sein. Die durch Strahlung übergehende Wärme ist dieser Differenz proportional. Unterteilt man nun die Luftschicht, so stellen sich an den Oberflächen der Zwischenwände Temperaturen ein, die zwischen derjenigen der ersten und letzten Wand liegen. Es trifft also auf jede der vier Schichten des obigen Beispieles etwa ein Gefälle von je 5° C. Diesem viermal kleineren Temperaturunterschied entspricht aber nunmehr eine viermal kleinere Wärmeübertragung.

Man kann sich nun einen gewöhnlichen porösen Körper, wie eine Luftschicht mit vielen vertikalen und horizontalen Zwischenwänden vorstellen. Der Wärmedurchgang durch Strahlung ist dann wegen der vielfachen Unterteilung sehr klein, derjenige durch Konvektion kann gleich Null gesetzt werden. Es verbleibt noch die Wärmeleitung in der Luft, die gegenüber der Strahlung verhältnismäßig groß ist (vgl. Seite 32). Für den gesamten Wärmedurchgang durch einen solchen porösen Körper kommt noch die Wärmeleitung in den Stegen (vgl. § 7b u. c) in Betracht, welche als Wärmebrücken anzusprechen sind. Wählt man als Material solche Stoffe, die an sich geringes Wärmeleitvermögen haben, so kann man außerordentlich niedere Wärmeleitzahlen erreichen. Dies ist der Fall bei den sog. Isoliermaterialien, wie Kork, Torfplatten usw.

Man kann daraus wichtige Folgerungen für die Praxis ziehen:

1. Die Wärmeleitzahl eines porösen Körpers kann auch bei noch so großer Verminderung der Strahlung wegen der Wärmeleitung in den Stegen niemals den Wert für ruhende Luft, 0,02, erreichen. Die bisher erreichte niedrigste Wärmeleitzahl war 0,033.
2. Die Ausfüllung der Luftschichten mit losem Material ergibt meist niedrigeren Wärmedurchgang als der leere Luftraum.

3. Gefäße mit Vakuummänteln als Wärmeschutz (Transportgefäße für flüssige Luft usw., Thermosflaschen) können durch Ausfüllen des Hohlraumes mit feinem Pulver (Unterteilung der Luftschicht) noch verbessert werden.

Aus der gedachten Entwicklung des porösen Körpers aus einer Luftschicht ergibt sich eine einheitliche Darstellung. Stellt man sich nämlich einen Luftraum vor, der mehrere horizontale und vertikale Zwischenräume enthält, wobei die einzelnen Luftzellen noch eine leicht erkennbare Ausdehnung besitzen sollen, so hat man den Fall der Hohlsteine (§ 8) vor sich. Läßt man nun auch diese Lufträume immer kleiner und kleiner werden, so erhält man die »porösen Körper«. Als solche sind alle Bau- und Isolierstoffe anzusehen. Alle für die Luftschichten abgeleiteten Gesetzmäßigkeiten müssen daher zur Beschreibung des Wärmedurchganges durch die porösen Stoffe dienen können. Dabei erklärt sich dann auch in durchaus einheitlicher Weise, weshalb die Wärmeleitzahlen keine konstanten Größen sind, sondern von Raumgewicht, Temperatur und Feuchtigkeit abhängen.

1. Abhängigkeit vom Raumgewicht.

Bei Betrachtung des Wärmedurchganges durch Luftschichten hat sich ergeben, daß solche mit geringer Dicke eine sehr niedere Wärmeleitzahl haben. Je größer also das Gesamtvolumen der lufterfüllten Teile ist, desto kleiner wird die für den ganzen Körper geltende mittlere Wärmeleitzahl. Das Volumen der Luftporen wird aber umso größer, je kleiner das Raumgewicht wird, und es folgt daher das früher angegebene und erfahrungsgemäß festgestellte Gesetz:

> Die Wärmeleitzahl eines Körpers wächst mit dem Raumgewicht.

Bei der Herstellung von Steinsorten, besonders aus Leichtbeton, wird mit Vorteil von dieser Gesetzmäßigkeit Gebrauch gemacht werden können. Neben der Anwendung spez. leichteren Materials, wie Bims usw., hat man auch in der Wahl der Korngröße für die zu mischenden Stoffe ein Mittel[1]), das Raumgewicht und somit das Porenvolumen in gewissen Grenzen zu ändern.

Wird Material mit gleicher Korngröße gemischt, so ergibt sich praktisch fast dasselbe Raumgewicht, gleichviel, ob das gewählte Korn großen oder kleinen Durchmesser hat. Nur bei unregelmäßigen, sehr großen Stücken wird das Raumgewicht kleiner. Es wird dagegen teilweise erheblich größer, wenn großes und feines Korn gemischt wird.

Bei der Betonstein- und Isolierstoffabrikation tut man daher gut, stets gleiche Korngröße zu verarbeiten. Umstehende Tabelle mag dies zeigen:

---

[1]) Korff-Petersen, Hygienische Untersuchungen über neuere Baustoffe, Zeitschrift für Hygiene und Infektionskrankheiten Band 89, S. 494.

Material	Korngröße cm	Raumgewicht kg/cbm	Porenvolum Prozent
Kies	1. 0,7	1520	43,5
	2. 0,4 — 0,7	1520	43,5
	3. 0.2 — 0,4	1549	41,5
	4. Sand 0,1	1679	35,5
	Gemisch 1 — 3	1609	38,0
	„ 1 — 4	2058	21,8
Koks	1. 0,7 — 1,0	500,5	65,7
	2. 0,4 — 0,7	506,6	65,3
	3. 0,2 — 0,4	520,8	64,3
	4. 0,1 — 0,2	—	—
	5. Nußgroß .	465,7	68,1
	Gemisch 1 — 3	537	63,2
	„ 1 — 5	642	56,0
Schlacke . . .	1. 0,7 — 2,0	1022	62,9
	2. 0,2 — 0,4	1076,5	61,7
	3. 0.1 — 0,2	1132	58,6
	Gemisch 1 — 3	1419	49,0
	Faustgroß . .	655	76,8

Porenvolumen des einzelnen Schlackenstückes 39 bis 43 %.

2. Abhängigkeit von der Feuchtigkeit.

Die Wärmeleitzahlen sind auch abhängig vom Feuchtigkeitsgehalt. Ein Stoff nimmt bekanntlich dadurch Feuchtigkeit auf, daß sich ein Teil der Luftporen mit Wasser anfüllt. Da die Wärmeleitzahl der festen Bestandteile eines Materials bedeutend größer ist als diejenige für Luft, für welche bei den geringen Dimensionen $\lambda' \sim \lambda_0 \sim 0{,}02$ gesetzt werden kann ($\lambda_x = 0$ und $d \cdot c \cdot C^1 \sim 0$ wegen $d \sim 0$), so bedingt eigentlich die Luft in erster Linie die Isolierwirkung. Für die mit Wasser erfüllten Luftporen tritt nun eine wesentlich größere Wärmeleitfähigkeit ein, nämlich die des ruhenden Wassers $\lambda = 0{,}60$. Das Eindringen von Wasser vergrößert daher den Wärmedurchgang ganz erheblich.

Die Wärmeleitzahl nimmt also mit der Feuchtigkeit stark zu.

3. Abhängigkeit von der Temperatur.

Versuche zeigten, daß die Wärmeleitzahl sich mit der Temperatur ändert. Die aequivalente Wärmeleitzahl von Luftschichten wird mit zunehmender Temperatur größer, da der Strahlungsfaktor $c \cdot C^1$ den mit der Temperatur sich steigernden Faktor c enthält (vgl. S. 35). Es müssen daher auch poröse Stoffe bei höherer Temperatur eine größere Wärmeleitfähigkeit aufweisen. Bei dünnen Luftschichten war der Einfluß des Strahlungsfaktors $c \cdot C^1$ auf die äquivalente Wärmeleitzahl λ' nur gering, er nahm zu mit der Dicke der Luftschicht. Danach ändern großporige Stoffe ihre Wärmeleitzahl in höherem Maße als feinporige Stoffe, gleiches Material und gleich großes prozentuales Porenvolumen vorausgesetzt.

II. Teil.

Luftdurchlässigkeit der Wände.

Neben dem Wärmedurchgang ist in vielen Fällen auch der Luftdurchgang und der durch ihn verursachte Wärmeverlust von Bedeutung. Vom wärmewirtschaftlichen Gesichtspunkt aus wäre völlige Luftdichtheit des zu beheizenden Gebäudes der ideale Zustand; er ist aber unvereinbar mit den Forderungen der Hygiene, welche zur Erhaltung der Lebensfähigkeit der Bewohner einen bestimmten Mindestluftwechsel, auch bei geschlossenen Fenstern und Türen, fordert. Außerdem ist zur allmählichen Austrocknung des Mauerwerks eine gewisse Durchlüftung der Poren notwendig.

Wie die nachfolgenden Erörterungen zeigen, erfolgt der Luftwechsel zum weitaus größten Teil durch die beim Einsetzen des Fensterstockes und der Fensterflügel unvermeidlichen Undichtheiten. Ganz verschwindend klein dagegen ist die Luftdurchlässigkeit der Mauer soweit nicht Risse und Sprünge vorhanden sind.

Besondere Aufmerksamkeit verdienen bezüglich der Gefahr von Luftdurchlässigkeit die Holzbauweisen. Leider fehlt gerade für diese bis heute noch jegliches Versuchsmaterial.

Da sich gezeigt hat, daß in der Praxis die Ziegelmauer den Forderungen an Porosität und Luftdurchlässigkeit genügt, kann man vielleicht auch bei Beurteilung der Luftdurchlässigkeit diejenige der 1½ Stein starken »Normalziegelmauer« als Norm zugrunde legen.

In den folgenden Kapiteln sollen zunächst die Grundformeln für die Berechnung des Luftdurchgangs dargelegt und an Hand von Versuchszahlen und Beispielen die Größenordnung des Luftwechsels festgelegt werden. Eine so eingehende und vollständige Darstellung, wie sie im I. Teil der Berechnung des Wärmedurchganges zu Grunde liegt, auch für die folgenden Kapitel geben zu wollen, wäre verfrüht, weil die experimentellen Unterlagen noch zu lückenhaft und vor allem nicht systematisch genug sind.

§ 12. Grundgleichung des Luftdurchganges.

Für die Ableitung der Grundgleichung des Wärmedurchganges bot der Vergleich mit Strömungsvorgängen eine anschauliche Erklärung der Wärmedurchgangszahl und der diese bildenden einzelnen Teile, wie Wärmeübergangszahl und Wärmedurchlässigkeitszahl. Der Luftdurchgang ist nun ein wirklicher Strömungsvorgang und es gilt daher für diesen eine ganz ähnliche Gleichung wie für die Wärmedurchlässigkeit Λ einer festen Wand.

a) Gleichung für poröse Körper.

Die Luftmenge, welche in der Stunde durch einen porösen Körper hindurchgeht, wird nach Versuchen von Lang[1]), Gosebruch[2]) und v. Thielmann[3]) bei nicht zu großer Druckdifferenz mit dieser gleichmäßig größer, mit zunehmender Dicke des Körpers dagegen kleiner; sie ist außerdem abhängig von dem Reibungswiderstand, welcher der Luftströmung in den Poren entgegensteht.

Bezeichnet

Δp = die Druckdifferenz zwischen beiden Seiten des Körpers in mm WS (Wassersäule),

F = die Fläche desselben in qm,

l = die Luftmenge in Litern pro Stunde,

$\frac{1}{\beta}$ = den zu überwindenden Widerstand,

so ist

$$l = \frac{F \cdot \Delta p}{\frac{1}{\beta}} = \beta \cdot F \cdot \Delta p. \qquad (36)$$

Die Zahl β sei mit »Luftdurchlässigkeit« bezeichnet. Sie gibt die Luftmenge in Litern an, welche in der Stunde durch die Flächeneinheit (1 qm) der Wand von beliebiger Dicke und Zusammensetzung bei 1 mm WS Druckdifferenz hindurchgeht. β ist daher hier die analoge Größe wie Λ beim Wärmedurchgang.

Bei obiger Ableitung war eine Wand beliebiger Bauart zugrunde gelegt. Zur Berechnung der für einzelne Wände geltenden Zahl β führt man noch den Begriff der »spezifischen Luftdurchlässigkeit« ein und wählt hierfür die Bezeichnung γ. Die spezifische Luftdurchlässigkeit gibt dann die durch 1 qm Fläche in 1 Stunde hindurchgehende Luftmenge an, jedoch mit der Festsetzung, daß eine homogene Wand von 1 m Dicke vorliegt. $\frac{1}{\gamma}$ ist daher der Durchlässigkeitswiderstand einer 1 m dicken Wand und daher $\frac{\delta}{\gamma}$ derjenige einer δ m starken Wand aus demselben Material. (Vgl. die analogen Ableitungen für $\frac{1}{\lambda}$ und $\frac{1}{\Lambda} = \frac{\delta}{\lambda}$ § 4.) Es ist daher

$$\frac{1}{\beta} = \frac{\delta}{\gamma}. \qquad (37)$$

---

[1]) C. Lang, Über natürliche Ventilation und die Porosität der Baumaterialien Stuttgart 1877.

[2]) W. Gosebruch, Diss. Univ. Berlin 1897.

[3]) H. v. Thielmann, Die Luftdurchlässigkeit von Baumaterialien, Gesundheitsingenieur 1915 S. 265.

Besteht die Wand aus mehreren hintereinander liegenden Schichten verschiedenen Materials mit den Dicken δ_1, δ_2..... und werden die »spezifischen Durchlässigkeitszahlen« mit γ_1, γ_2, γ_3... bezeichnet, so setzt sich der gesamte Luftdurchlässigkeitswiderstand $\frac{1}{\beta}$ aus der Summe der Einzelwiderstände zusammen. Es ist

$$\frac{1}{\beta} = \frac{\delta_1}{\gamma_1} + \frac{\delta_2}{\gamma_2} + \frac{\delta_3}{\gamma_3} + \ldots \qquad (38)$$

Für die Berechnung der Zahlenwerte von β für Wände mit nebeneinander liegenden Teilen verschiedener Luftdurchlässigkeit sind die im § 7 bei der Wärmedurchlässigkeit angegebenen Berechnungsweisen analog anwendbar. Bezeichnet daher

β_1 die Luftdurchlässigkeit eines Teiles der Wand,

β_2 die Luftdurchlässigkeit eines anderen neben dem obigen gelegenen Teiles,

F_1 bzw. F_2 deren Flächen,

β_m die mittlere Luftdurchlässigkeit der Gesamtfläche $(F_1 + F_2)$,

so ist

$$\beta_m = \frac{F_1 \cdot \beta_1 + F_2 \beta_2}{F_1 + F_2} \qquad (39)$$

b) Gleichung für kleine Öffnungen.

Neben der Luftdurchlässigkeit durch die porösen Teile der Wände kommt auch noch diejenige durch Risse oder Spalten in Betracht, welche insbesondere bei den Fenstern vorhanden sind.

Für kleine Druckdifferenzen und enge Öffnungen kann man zur Berechnung der durchgehenden Luftmenge angenähert die für den Ausfluß aus Düsen[1]) geltende Gleichung verwenden:

$$L = \mu \cdot f \cdot 3600 \sqrt{\frac{2 \cdot g \cdot \Delta p}{s}} \qquad (40)$$

Hierin ist

f die Fläche im engsten Querschnitt der Öffnung in qm,

$g = 9{,}81$ m/Sek.^{2} die Erdbeschleunigung,

Δp die Druckdifferenz in mm WS,

s das spez. Gewicht der Luft in kg/cbm bei t^0 und dem Barometerstand b in m/m Hg (Quecksilbersäule),

L die Luftmenge in cbm pro Stunde bei dem spez. Gewicht s,

μ eine Konstante, welche für die vorliegenden Zwecke etwa $= 0{,}8$ gesetzt werden möge.

[1]) Hütte, 22. Heft I. Band S. 444. Die strenge Gültigkeit der Formel für die vorliegenden Fälle muß durch besondere Versuche erst völlig erwiesen werden.

Mit Einsetzen der Zahlenwerte wird

$$L = 12750 \quad f\sqrt{\frac{\Delta p}{s}} \quad \ldots \ldots \ldots \quad (41)$$

Das spezifische Gewicht s der Luft berechnet sich darin aus folgender Gleichung: Ist

s_0 das spez. Gewicht bei 0^0 und 760 mm Barometerstand ($s_0 = 1{,}293$ kg/cbm)

s » » » » t^0 » b » »

dann ist

$$s = s_0 \, \frac{273}{273 + t} \cdot \frac{b}{760} \quad \ldots \ldots \ldots \quad (42)$$

oder

$$s = 0{,}464 \cdot \frac{b}{273 + t} \cdot \quad \ldots \ldots \ldots \quad (42a)$$

Während bei porösen Stoffen die durchgehende Luftmenge im selben Verhältnis wie die Druckdifferenz Δp steigt, also bei vierfachem Δp auch die vierfache Luftmenge hindurchströmt, geht durch kleine Öffnungen unter den gleichen Verhältnissen nur die $\sqrt{\Delta p}$-fache also bei vierfachem Δp die zweifache Luftmenge hindurch.

Zur besseren Übersicht der späteren Anwendung der Gleichung (40) auf die Luftdurchlässigkeit der Fenster sei dieselbe noch in etwas anderer Form geschrieben und zwar:

$$L = u \cdot \frac{f}{F} \cdot F \cdot 3600 \sqrt{\frac{2g \, \Delta p}{s}} \quad \ldots \ldots \quad (40a)$$

oder mit den früher angegebenen Zahlenwerten

$$L = 12750 \, \frac{f}{F} \cdot F \sqrt{\frac{\Delta p}{s}} \quad \ldots \ldots \quad (41a)$$

Hierin ist F die Fensterfläche in qm und $\frac{f}{F}$ daher das Verhältnis der Spaltfläche zur ganzen Fensterfläche, der gewissermaßen die für die Luftdurchlässigkeit eines Fensters charakteristischen Konstanten, welche mit dem Namen »Undichtigkeitsgröße« belegt werden möge.

§ 13. Wirksame Druckdifferenz.

Das Eintreten eines Luftdurchganges durch Mauerwerk und Fenster ist bedingt durch das Vorhandensein einer Druckdifferenz zwischen der Luft auf beiden Seiten derselben (S. 70.) Es ist daher noch zu zeigen, wie diese Druckdifferenz zustande kommt. Man unterscheidet grundsätzlich zwei verschiedene Fälle:

den Luftwechsel bei natürlicher Lüftung,
den Luftwechsel bei Windanfall.

a) Natürliche Lüftung.

Man denke sich einen allseitig geschlossenen Raum, die Temperatur der Luft im Innern t_1^0 sei höher als die außen t_2^0. Dann ist nach Recknagel[1]) in einer bestimmten Höhe des Raumes die Druckdifferenz zwischen Innen- und Außenluft gleich Null. Man nennt diese Höhenlage »neutrale Zone«. Ausgehend von dieser neutralen Zone steigt die Druckdifferenz zwischen innen und außen proportional dem Abstand, und zwar stellt sich in einem geheizten Raum ($t_1 > t_2$) oberhalb der neutralen Zone ein Überdruck, unterhalb derselben ein Unterdruck ein. Unterhalb der neutralen Zone dringt also Luft von außen nach innen, oberhalb von innen nach außen. Zur Aufrechterhaltung der Dauerlüftung ist es erforderlich, daß die oben ins Freie dringende Luftmenge gleich groß ist der unten einströmenden Luftmenge. Diese Gesetzmäßigkeit bestimmt die Lage der neutralen Zone.

Bedeutet:

x den Abstand von der neutralen Zone,

s_1 das spezifische Gewicht der Luft innen in kg/cbm,

s_2 das spezifische Gewicht der Luft außen in kg/cbm;

so ist die Druckdifferenz im Abstande x von der neutralen Zone

$$\varDelta p = x (s_1 - s_2) \quad \ldots \ldots \ldots \quad (43)$$

s_1 und s_2 erhält man dabei nach Formel (42) bzw. (42a).

Die nach Gleichung (43) errechnete Druckdifferenz stellt erst die in einer Höhenlage vorhandene Druckdifferenz dar. Um die für den Luftwechsel »wirksame Druckdifferenz« zu erhalten, muß der Mittelwert aus den Druckunterschieden in sämtlichen Höhenlagen auf einer Seite der neutralen Zone errechnet werden[2]). Ist h der Abstand der äußersten Höhenlage von der neutralen Zone, so ist dieser Mittelwert oder die wirksame Druckdifferenz $[\varDelta_p]$

$$[\varDelta_p] = \frac{h}{2} (s_1 - s_2) \quad \ldots \ldots \ldots \quad (44)$$

b) Windanfall.

Für den bei Windanfall auftretenden, auf eine Wandfläche »wirksamen Überdruck« ist zunächst der gesamte auf das Gebäude wirkende Überdruck maßgebend, welcher sich als Differenz der Luftdrucke vor und nach Auftreffen auf das Haus darstellt. Die Größe dieser Druckdifferenz ist bei den verschiedenen Gebäuden eine andere, je nachdem der Wind senkrecht oder schräg auf die Wandfläche des Hauses trifft. Sie hängt außerdem ab von der Windgeschwindigkeit und dem Widerstand, den das Gebäude dem Winde darbietet. Der letztere ist für die

---

[1]) Recknagel, Heizung und Lüftung. Leipzig 1915, S. Hirzel. Bezüglich Einzelheiten sei auf dieses wohl jedem Heiztechniker bekannte Buch verwiesen.

[2]) Der Verlauf des Überdruckes ist im Seitenriß der Fig. 23 auf S. 93 eingezeichnet. Desgl. in Fig. 22 auf S. 87.

im Bauwesen vorliegenden praktischen Verhältnisse außerordentlich verschieden, und es kann daher der auf ein Gebäude wirkende Überdruck in Abhängigkeit von der Luftgeschwindigkeit nicht allgemein angegeben werden[1]).

Für senkrecht auffallenden Wind ist der Überdruck am größten und beträgt im Mittel etwa bei einer Windgeschwindigkeit

von	1	2	3	5	10	15 m/sec
Überdruck:	0,07	0,29	0,65	1,8	7,3	16,4 mm WS

Die Luft, welche durch die dem Winde zugekehrte Außenseite eines Gebäudes infolge dieses Überdruckes eindringt, hat bis zu ihrem Austreten auf der dem Wind abgekehrten Seite des Hauses eine Reihe von Einzelwiderständen zu überwinden, und zwar zuerst den Luftdurchlässigkeitswiderstand der vorderen Außenwand, sodann die Durchlässigkeitswiderstände der Innenwände des Gebäudes und schließlich denjenigen der rückwärtigen Außenwand. Demgemäß trifft auf jede Wand nur ein Teil der oben genannten gesamten Druckdifferenz, und zwar wird dieser Anteil einer Wand um so kleiner, je größer die Zahl der nacheinander zu durchströmenden Wände ist.

Der auf die Außenwand treffende Teildruck ist für den Luftwechsel als »wirksame Druckdifferenz« anzusehen, und je kleiner diese wird, desto geringer ist auch die Wirkung des Windanfalles.

Aus dieser zunächst in ganz einfacher Weise angedeuteten Gesetzmäßigkeit ergeben sich für den Architekten praktisch wichtige Regeln für die Grundrißgestaltung eines Gebäudes, da er durch die Raumverteilung die Größe der wirksamen Druckdifferenz beeinflussen kann, wie weiterhin an einem Beispiele gezeigt werden soll.

Um die für eine Wand wirksame Druckdifferenz zu erhalten, geht man folgendermaßen vor:

Zunächst berechnet man die mittlere Luftdurchlässigkeit β_m für die einzelnen Wände. Bezeichnet

L die Luftmenge in cbm/st, welche durch die Fenster oder Türen einer Wand bei $\Delta p = 1$ mm WS hindurchgeht (Gleichung (41)),

l die Luftmenge in Liter/st, welche durch das Mauerwerk bei 1 mm Druckdifferenz eindringt (Gleichung (36)),

F_1 die Fenster- oder Türfläche,

F_2 die Fläche des Mauerwerks,

so wird die mittlere Luftdurchlässigkeit β_m der Wand, also die stündliche Luftmenge in Litern pro 1 qm der Gesamtfläche und 1 mm WS Überdruck

$$\beta_m = \frac{1000 \cdot L + l}{F_1 + F_2} \quad . \; . \; . \; . \; . \; . \; . \quad (45)$$

[1]) Bezüglich näherer Angaben sei verwiesen auf: Hütte, des Ingenieurs Taschenbuch und H. Recknagel, Kalender für Gesundheitstechniker.

Ganz allgemein kann nunmehr die für eine Wand wirksame Druckdifferenz Δp aus folgender Betrachtung abgeleitet werden[1]:

Bezeichnen Δp_1; Δp_2; Δp_3 ... usw. die Druckdifferenzen, β_{1m}, β_{2m}, β_{3m} ... usw. die mittleren Luftdurchlässigkeiten der nacheinander von der Luft zu durchdringenden Wände, so ist

$$\Delta P : \Delta p_1 : \Delta p_2 : \Delta p_3 : \ldots = \frac{1}{\beta_m} : \frac{1}{\beta_{1m}} : \frac{1}{\beta_{2m}} : \frac{1}{\beta_{3m}} : \ldots \quad (46)$$

wenn ΔP die gesamte Druckdifferenz und $\frac{1}{\beta_m}$ der gesamte Luftdurchgangswiderstand des Hauses, also

$$\frac{1}{\beta_m} = \frac{1}{\beta_{1m}} + \frac{1}{\beta_{2m}} + \frac{1}{\beta_{3m}} + \ldots \quad (47)$$

ist.

Die Gleichung (47) sagt aus, daß der gesamte Luftdurchgangswiderstand eines Hauses um so größer und somit die hindurchgehende Luftmenge um so kleiner wird, je mehr Zwischenwände vorhanden und je größer deren Einzeldurchlässigkeitswiderstände sind[2].

An einem Beispiel soll der Einfluß des Windanfalles gezeigt werden. Man denke sich das Eckzimmer eines Hauses mit Fenstern nach zwei Seiten hin ausgestattet. Der Wind soll in einer solchen Richtung anfallen, daß die Luft durch die Fugen des Fensters auf der einen Seite eindringt und durch das in der hierzu senkrechten Wand enthaltene wieder ins Freie strömt. Beide Wandseiten mögen gleiche Flächen und gleiche mittlere Luftdurchlässigkeit haben.

Wie aus den späteren Beispielen § 16 u. § 18 hervorgeht, ist der Luftdurchgang durch das Mauerwerk sehr klein gegenüber dem durch das Fenster, so daß bei Berechnung der mittleren Wärmedurchlässigkeit einer Wand nach Gleichung (45) $l \sim 0$ gesetzt werden kann. Für ein Einfachfenster von etwa 1,8 m Höhe und 1,2 m Breite (vgl. Fig. 23, S. 93) ist $L \sim 42$ cbm/st · mm WS und daher ergibt sich für die

---

[1]) Die genaue Ableitung der Gleichung geschieht auf ganz ähnlichem Wege, wie er bei der Berechnung des Temperaturabfalles in den einzelnen Teilen einer Wand aus verschiedenen Materialien eingeschlagen wird.

[2]) Dem Bestreben nach Hebung der Wärmewirtschaft auch des Hausbrandes kommt die Erkenntnis entgegen, daß gerade die Architekten in erster Linie dazu berufen sind, die Vorbedingungen für Wärmewirtschaftlichkeit zu schaffen. Nur eine ins einzelne gehende, auf physikalischer Grundlage beruhende Berechnungsweise kann solche Gesichtspunkte zutage fördern, wie die oben genannte, auf die Luftdurchlässigkeit bezugnehmende Berechnung.

ganze Wandfläche von 4 m Breite und 3 m Höhe (Fig. 23) die mittlere Luftdurchlässigkeit

$$\beta_{1m} = \beta_{2m} = \frac{1000 \cdot 42 + 0}{4 \cdot 3} = 3500 \frac{\text{Liter}}{\text{m}^2 \text{ st mm WS}}$$

und daraus der gesamte Widerstand gegen den Luftdurchgang des Eckraumes

$$\frac{1}{\beta_m} = \frac{1}{\beta_{1m}} + \frac{1}{\beta_{2m}} = \frac{2}{3500}$$

und

$$\beta_m = 1750 \frac{\text{Liter}}{\text{st m}^2 \text{ mm WS}}.$$

Man denke sich nunmehr den Eckraum anders ausgebildet, indem die eine Außenwand kein Fenster erhalten soll. Ihre Luftdurchlässigkeit ist sodann etwa

$$\beta_{1m} \sim 10 \frac{\text{Liter}}{\text{m}^2 \text{ st mm WS}},$$

wie aus den Beispielen § 16 hervorgeht.

Die andere Seite soll jedoch zwei Fenster erhalten, damit die für den Eckraum vorgesehene Fensterfläche die gleiche bleibt. Die Luftdurchlässigkeit dieser Wand ist alsdann doppelt so groß, wie im vorigen Fall, also

$$\beta_{2m} = 7000 \frac{\text{Liter}}{\text{m}^2 \text{ st mm WS}}.$$

Für den gesamten Luftdurchgangswiderstand ergibt sich sodann in diesem zweiten Falle

$$\frac{1}{\beta_m} = \frac{1}{10} + \frac{1}{7000}$$

oder

$$\beta_m = 9{,}98 \frac{\text{Liter}}{\text{m}^2 \text{ st mm WS}}$$

Durch diese andere Anordnung der Fenster ist also der Luftdurchgang bei Windanfall nur mehr unwesentlich.

Betrachtet man noch die Größe der wirksamen Druckdifferenz, so führt diese zu demselben Ergebnis. Im ersten Falle war $\beta_{1m} = \beta_{2m}$ und mit

$$\varDelta p_1 : \varDelta p_2 = \frac{1}{\beta_{1m}} : \frac{1}{\beta_{2m}}$$

folgt

$$\varDelta p_1 = \varDelta p_2 = \frac{\varDelta P}{2}.$$

Im zweiten Fall besteht die Beziehung (siehe Gleichung (46)) für die Wand ohne Fenster

$$\Delta P : \Delta p_1 = \frac{1}{9{,}98} : \frac{1}{10}$$

und für die Wand mit 2 Fenstern

$$\Delta P : \Delta p_2 = \frac{1}{9{,}98} : \frac{1}{7000}$$

oder

$$\Delta p_1 = 0{,}998\, \Delta P \quad \text{und} \quad \Delta p_2 = 0{,}0014\, \Delta P$$

Die auf die Fensterseite mit ihrem hohen Werte von $\beta_{2m} = 7000$ wirksame Druckdifferenz ist also sehr klein und daher auch der Luftwechsel; die auf die andere Wand wirkende Druckdifferenz entspricht etwa dem Gesamtdruck, sie ist aber wegen des kleinen β_{1m}-Wertes unschädlich.

Für die Bearbeitung der Grundrißentwürfe eines Hauses ist daher stets darauf zu achten, daß bei geschlossenen Fenstern und Türen die Luftdurchlässigkeit des Hauses in seiner Gesamtheit klein bleibt. Diese Forderung schließt nicht aus, daß die erforderliche Lufterneuerung durch Öffnen der Fenster erzielt werden kann. Es wird aber der abkühlende und deshalb unerwünschte Einfluß des Windes hintangehalten. Dies ist gerade bei freistehenden Einzelhäusern von besonderer Wichtigkeit. Ihre Beheizung mit erträglichem Kostenaufwand ist nur durch Beachtung des obigen Grundsatzes möglich.

§ 14. Wärmeverlust infolge der Luftdurchlässigkeit.

Der infolge Porosität der Wand oder infolge der Undichtheiten des Fensters bewirkte Luftwechsel bedingt einen Wärmeverlust, weil die in einen erwärmten Raum eindringende kalte Außenluft auf die darin vorhandene Temperatur erwärmt werden muß, während anderseits eine gleich große Menge der Innenluft nach außen getrieben wird; ihr Wärmeinhalt geht verloren[1]).

Bezeichnet man mit

$c_p = 0{,}24$ die spezifische Wärme[2]) der Luft bei konstantem Drucke,
t_1 = die Lufttemperatur auf der einen Wandseite,
t_2 = die Lufttemperatur auf der anderen Wandseite,

[1]) Zuweilen findet man die Ansicht ausgesprochen, daß die Luft, welche durch das Mauerwerk eindringt, keinen Wärmeverlust verursacht, weil im Gegenteil die in den Mauermassen aufgespeicherte Wärme von der Luft aufgenommen und in den Raum zurückgeführt wird. Dabei wird übersehen, daß dieselbe Menge Luft und also auch Wärme aus dem Raum an irgendeiner anderen Stelle wieder ins Freie dringt. Nur dadurch kann der Luftwechsel aufrecht erhalten bleiben.

[2]) Unter spez. Wärme versteht man diejenige Wärmemenge in kcal, welche zur Erwärmung von 1 kg um 1° C erforderlich ist.

Q' = die verlorene Wärmemenge pro Stunde,
L = die Luftmenge in cbm/Std. bei $t_1{}^0$ C,
l = die Luftmenge in liter/Std. bei $t_1{}^0$C,
s_1 = das spezifische Gewicht der Luft bei $t_1{}^0$ C, in kg/cbm

dann ist

$$Q' = L \cdot s_1 \cdot c_p (t_1 - t_2) = \frac{l}{1000} \cdot s_1 \cdot c_p (t_1 - t_2) \quad \ldots \quad (48)$$

Unter Berücksichtigung von Gl. (36) ergibt sich für den

Wärmeverlust bei porösen Stoffen:

$$Q' = \frac{\beta}{1000} \cdot \Delta p \cdot F \cdot s_1 \cdot c_p (t_1 - t_2) \quad \ldots \ldots \quad (49)$$

und

$$Q' = F \cdot B \cdot (t_1 - t_2) \quad \ldots \ldots \ldots \quad (50)$$

wenn

$$B = \frac{\beta}{1000} \cdot c_p \cdot s_1 \cdot \Delta p \quad \ldots \ldots \ldots \quad (51)$$

gesetzt wird.

Eine ähnliche Beziehung läßt sich unter Benützung von Gl. (41 a) anschreiben für den

Wärmeverlust durch Fenster.

Es ist:

$$Q' = 12750 \cdot \frac{f}{F} \cdot F \sqrt{\frac{\Delta p}{s_1}} \cdot s_1 \, c_p (t_1 - t_2) \quad \ldots \ldots \quad (52)$$

und

$$Q' = F \cdot B' \cdot (t_1 - t_2) \quad \ldots \ldots \ldots \quad (53)$$

wenn hier

$$B' = 12750 \cdot \frac{f}{F} \cdot c_p \sqrt{s_1 \cdot \Delta p} \quad \ldots \ldots \quad (54)$$

gesetzt wird.

Wenn im I. Teile die Zahl k die Wärmemenge bezeichnet hat, welche infolge der Wärmeleitungsvorgänge eine Wand durchdringt, so bezeichnet nunmehr B bzw. B' die Wärme, welche infolge der Luftdurchlässigkeit durch 1 qm Wand- bzw. Fensterfläche hindurchgeht. Über die weitere Verwendung dieser Zahl B wird im III. Teil die Rede sein.

§ 15. Luftdurchlässigkeitszahlen.

a) Für poröse Stoffe.

In Tafel 21 (S. 117) sind die von v. Thielmann für verschiedene Baustoffe gefundenen Werte der spezifischen Luftdurchlässigkeit γ eingetragen. Es zeigen sich neben dem bedeutenden Unterschiede in der Durchlässigkeit verschiedener Stoffe, wie Ziegel gegen Schwemmstein, auch sehr große Verschiedenheiten in den gleichbenannten Materialien selbst, worauf schon Lang hingewiesen hat. Diese Unterschiede sind viel größer als es bezüglich der Wärmeleitfähigkeit der Fall war, sie machen es daher fast unmöglich, einen generellen Vergleich für die verschiedenen Stoffe durchzuführen.

Im allgemeinen hat sich gezeigt, daß poröse Stoffe (geringes Raumgewicht) luftdurchlässiger sind als solche mit geringerem Porenvolumen. Die Feststellung desselben bildet also eine wesentliche Stütze für die physikalische Beschreibung des Versuchskörpers, auch in bezug auf Luftdurchlässigkeit[1]).

Die Luftdurchlässigkeit nimmt ferner ab mit dem Gehalt an Feuchtigkeit, weil durch das Wasser offenbar eine Reihe von feinen Kanälen verschlossen wird. Feuchte Wände[1]) sind daher undurchlässiger als trockene Wände, die Durchlässigkeit erleidet eine um so stärkere Verminderung, je feinkörniger das Material ist. Nach Versuchen von Lang wurde z. B. der Luftdurchgang bei

Kalktuffstein (großporig)	auf	zirka	50%	gegenüber dem Luftdurchgang bei trockenem Zustand
Ziegelstein	»	»	15—20%	
Luftmörtel	»	»	7%	
Hochofenschwemmstein (feinporig)	»	»	0,7%	
Beton und Portlandzement . . .	»	»	0%	

herabgemindert, wenn die Steine 48 Stunden unter Wasser aufbewahrt waren.

Geben diese Versuche auch ein ungefähres Bild des Einflusses der Feuchtigkeit, so wäre es doch zu gewagt, bestimmte Schlüsse auf die Wirkung des Regens ziehen zu wollen, wie Lang selbst erwähnt. Wohl aber ist die Feststellung des verminderten Luftdurchganges bei Vorhandensein von Feuchtigkeit wichtig, weil man schon bei den Versuchen über die Wärmedurchlässigkeit gefunden hat, daß die Mauern dauernd einen bestimmten Feuchtigkeitsgehalt behalten und daher die Luftdurchlässigkeitszahlen bei trockenem Zustande ebenfalls nur ein relatives Bild vom Luftdurchgang geben können[2]). (Vgl. S. 15 und § 10, S. 63.)

---

[1]) Leider fehlen hierüber in der Literatur die erforderlichen Angaben. Bei weiteren experimentellen Arbeiten über die Luftdurchlässigkeit ist daher der Feststellung von Porenvolumen, Raumgewicht und Feuchtigkeit besonderes Augenmerk zu schenken. Auch die genaue Bezeichnung des Fabrikates ist erwünscht.

[2]) Wenn man das ganze experimentelle Material über die Luftdurchlässigkeit und den Feuchtigkeitsgehalt kritisch überblickt, so zeigt sich zwar ein unleugbarer Mangel an Systematik und Vollständigkeit, es muß aber gerechter Weise anerkannt werden, daß die früheren Erfahrungen noch zu gering waren, als daß sich das Endziel hätte sogleich erreichen lassen. Neuerliche Bestimmung der Luftdurchlässigkeit erweisen sich als dringend notwendig. Für die richtige Durchführung dieser Versuche ergeben sich aber aus den früheren wertvolle Fingerzeige: Die Versuchskörper sollen mindestens etwa 1 qm Fläche und normale Wandstärke haben. Die Seitenränder sind sogleich nach Aufmauerung mit Teer zu bestreichen, damit an diesen Stellen kein Austrocknen möglich ist (siehe Seite 18) und die Versuchsmauer sich ebenso verhält wie ein kleines Flächenstück einer großen Mauer. Mit Hilfe von Wägungen kann der Feuchtigkeitszustand beobachtet werden. Da dieser wohl auch von der Mauerdicke abhängt, wird nicht nur der Feuchtigkeitsgehalt sondern auch die Wärmeleitzahl und die spez. Luftdurchlässigkeit mit der Mauerstärke sich ändern.

Großporige Steine, besonders Leichtsteine, welche bereits hinsichtlich ihrer geringen Wärmedurchlässigkeit als sehr vorteilhaft angesehen werden mußten, sind ganz besonders luftdurchlässig befunden worden. Es liegt also die Gefahr vor, daß der große Luftdurchgang die Ersparnisse im Wärmedurchgang vielleicht ausgleicht, ja zu außerordentlichen Verlusten Anlaß gibt. Wie weit diese Befürchtungen von praktischer Bedeutung sind, wird in Beispielen gezeigt werden.

b) Wandbekleidungen.

Für die Größe der Luftdurchlässigkeit β einer Wand ist auch der Einfluß etwa vorhandener Wandbekleidungen von Bedeutung, wie insbesondere Farbanstriche und Tapeten. Über die Wirkung derselben finden sich bei C. Lang mehrere Angaben.

Farbanstriche.

Bei einer Gipswand war der Luftdurchgang:

ohne Anstrich	100
mit Kalkfarbe	73
mit schwach geleimter Farbe . . .	47,6
mit Ölfarbe	0.

Diese Vergleichszahlen von Lang sind auf andere Körper nicht ohne weiteres übertragbar, weil der prozentuale Einfluß des Anstriches bei verschieden dicken Wänden und verschiedener spez. Luftdurchlässigkeit jedesmal eine andere Größe hat[1]). Es läßt sich aber auf Grund seiner Angaben der Luftdurchlässigkeitswiderstand $\frac{1}{\beta} = \left(\frac{\delta}{\gamma}\right)$ für die verschiedenen Anstriche berechnen[2]).

Es ist

für Kalkfarbe	2 × gestrichen	$\beta \sim 4$
schwach geleimte Farbe (eben noch abfärbend)	2 × gestrichen	$\beta \sim 1{,}5$
Ölfarbe	2 × gestrichen	$\beta \sim 0$
Wasserglas		$\beta \sim 0$

Diese Zahlen geben wohl ein vorläufiges Bild und sie ermöglichen die Berechnung des Luftdurchganges bei beliebigen Wänden.

---

[1]) Dies wird in der Literatur meist nicht beachtet, sondern es werden vielfach Versuche mit einander verglichen, bei denen der Anstrich auf verschieden dickes Material aufgetragen war. (Vgl. Einfluß des Verputzes auf den Wärmedurchgang bei verschiedenen Dicken S. 20.)

[2]) Es sei hier ausdrücklich betont, daß diese von mir vorgenommene nachträgliche Auswertung manche Unstimmigkeiten in den Versuchen Langs erkennen läßt, für die eine Erklärung nicht gegeben werden kann. Die obigen Zahlen machen daher neuere Versuche durchaus nicht entbehrlich, sie geben aber vorläufig Anhaltspunkte.

Tapete.

C. Lang hat auch Versuche über die Durchlässigkeit von Tapete angestellt. Auch hier wurde die Berechnung der β-Werte nachgeholt und es finden sich folgende Zahlen:

gewöhnliche Tapete mit dünnem Leim . . . . . . $\beta \sim 0{,}40 \sim 0{,}5$
gewöhnliche Tapete mit starkem Leim . . . . . $\beta \sim 0{,}3$.

§ 16. Beispiele für den Luftdurchgang durch Mauern und Fenster.

Sämtliche nachstehend durchgeführten Rechnungsbeispiele sollen in erster Linie dazu dienen, ein Bild von dem Luftdurchgang durch Mauern verschiedener Konstruktion zu geben und grundsätzliche Richtpunkte abzuleiten. Mit Rücksicht auf die Unsicherheit der Zahlen für die spezifische Luftdurchlässigkeit liegt das Hauptgewicht der nachstehenden Rechnungen auf Festlegung der Größenordnung und nicht des genauen absoluten Betrages selbst. Es wird sich dabei vor allem zeigen, daß der Luftdurchgang durch die Mauern verschwindend klein ist gegen denjenigen bei den Fenstern.

a) Mauern.

Normalziegelmauer in 1½ Stein, beiderseits 1½ cm stark verputzt, innen mit Kalkfarbe gestrichen.

Als Mittelwerte seien angenommen (Tafel 21):

$$\text{Ziegel:} \qquad \gamma = 2{,}0 \,\frac{\text{liter}}{\text{m} \cdot \text{st} \cdot \text{mm WS}}$$

$$\text{Mörtel:} \qquad \gamma = 5{,}0 \qquad \text{»}$$

$$\text{Farbanstrich} \quad \beta = 4 \,\frac{\text{liter}}{\text{m}^2\ \text{st mm WS}}.$$

Die Luftdurchlässigkeiten der nebeneinander gelegenen dem Luftdurchgang verschieden großen Widerstand bietenden Teile der Mauer seien mit β_1; β_2 und β_3 bezeichnet (vgl. die analoge Berechnung von k_m Seite 51).

Es ist dann (Fig. 21 S. 82).

$$\frac{1}{\beta_1} = \frac{0{,}015}{5} + \frac{0{,}250}{2} + \frac{0{,}01}{5} + \frac{0{,}12}{2} + \frac{0{,}015}{5} + \frac{1}{4} = 0{,}443$$

$$0{,}7\% + 28{,}3\% + 0{,}5\% + 13{,}5\% + 0{,}7\% + 56{,}3\% = 100\%$$

$$\beta_1 = 2{,}25$$

$$\frac{1}{\beta_2} = \frac{0{,}015}{5} + \frac{0{,}38}{5} + \frac{0{,}015}{5} + \frac{1}{4} = 0{,}332$$

$$0{,}9\% + 22{,}9\% + 0{,}9\% + 75{,}3\% = 100\%$$

$$\beta_2 = 3$$

$$\frac{1}{\beta_3} = \frac{0{,}015}{5} + \frac{0{,}26}{5} + \frac{0{,}12}{2} + \frac{0{,}015}{5} + \frac{1}{4} = 0{,}368$$

$$0{,}8\% + 14{,}1\% + 16{,}3\% + 0{,}8\% + 68\% = 100\%$$

$$\beta_3 = 2{,}72$$

Es ist nun

$$F_1 = 6{,}5 \cdot 24 = 156 \text{ cm}^2$$
$$F_2 = 1 \cdot (6{,}5 + 26) = 32{,}5 \text{ »}$$
$$F_3 = 1 \cdot 6{,}5 = 6{,}5 \text{ »}$$
$$195{,}0 \text{ cm}^2$$

Daraus folgt

$$\beta_m = \frac{156 \cdot 2{,}25 + 32{,}5 \cdot 3 + 6{,}5 \cdot 2{,}72}{195} \cong 2{,}4 \frac{\text{liter}}{\text{m}^2 \cdot \text{st} \cdot \text{mm SW}}$$

Die Durchlässigkeitszahl ohne Farbanstrich wäre

$$\beta_m = 6 \frac{\text{liter}}{\text{m}^2 \cdot \text{st} \cdot \text{mm WS}}$$

Der Luftdurchgang durch die gewöhnliche Ziegelmauer ist demnach außerordentlich gering. Aus den in Prozenten angegebenen Zahlen ersieht man außerdem den hohen Anteil des Anstriches und den geringen Anteil des Außenputzes am gesamten Luftdurchgangs-

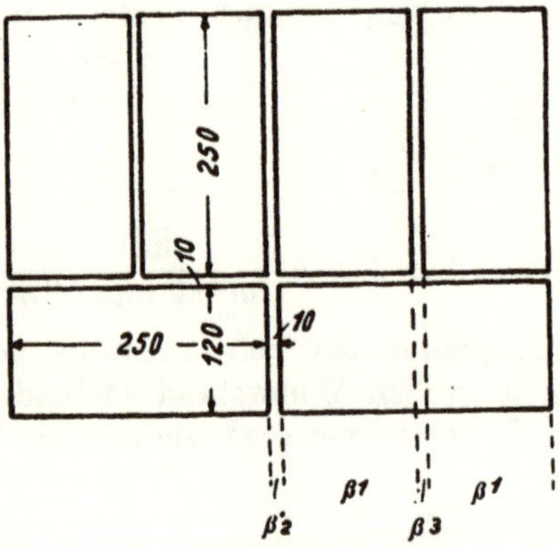

Fig. 21.

widerstand. Wenn also von einzelnen Hygienikern und Baufachleuten der Porenventilation das Wort geredet wird, so ist es durchaus unrichtig gegen die Anordnung eines Verputzes, der die Wand vor Durchfeuchtung schützt, Einwendungen zu erheben, sondern es müßte vielmehr der Farbenanstrich oder die Tapete bekämpft werden.

Schwemmsteinmauer, 1 Stein stark.

Schwemmstein: $\gamma = 2500$

Mörtel: $\gamma = 5$.

Die Berechnung ergibt:
Mit Innenverputz 1½ cm und Kalkfarbanstrich: $\beta_m = 3{,}94$.
Mit Innenverputz 1½ cm ohne Kalkfarbanstrich: $\beta_m = 275$.
Mit Außen- und Innenputz 1½ cm mit Farbanstrich: $\beta_m = 3{,}89$.
Mit Außen- und Innenputz 1½ cm ohne Farbanstrich: $\beta_m = 140$.

Die beiden Vergleichsrechnungen für den sehr durchlässigen Schwemmstein und für den Ziegelstein sind in mehrfacher Hinsicht lehrreich:

1. Betrachtet man die Wand mit Kalkanstrich an der Innenseite, so ist der Luftdurchgang β_m nicht wesentlich voneinander verschieden, gleichviel, ob auch ein Außenverputz vorhanden ist oder nicht. Für die Praxis ergibt sich daraus kein wesentlicher Unterschied in dem Luftdurchgang, gleichviel welche Wandkonstruktion vorliegt (ausgenommen sind Holzhäuser), denn der Farbanstrich ist für den Luftdurchgang wegen seines hohen Widerstandes ausschlaggebend.

2. Nach den obigen Feststellungen könnte es scheinen, als ob das Vorhandensein eines äußeren Verputzes gleichgültig sei, weil der Luftdurchgang nicht beeinflußt wird. Es liegt in wärmetechnischem Sinne aber dennoch ein Nachteil vor. Fehlt nämlich der äußere Verputz, so wird die Mauer bis zur inneren Verputzschicht gut durchlüftet, weil der Luftdurchgangswiderstand bis zur innen liegenden Farbschicht sehr klein ist $\left(\frac{1}{\beta} = \frac{0{,}25}{2500} = 0{,}0001\right)$. Dies wird im allgemeinen als wesentlicher Vorzug der Schwemmsteinmauer gepriesen. Wärmetechnisch ist dieses z. B. bei schräg einfallendem Wind eintretende Ausblasen der Mauer (auch wenn kein Durchblasen stattfindet) nicht ohne Bedenken. In jeder Mauer ist nämlich ein gewisser Betrag von Wärme aufgespeichert, der in der Anwärmungszeit von dieser aufgenommen wird. Diese aufgespeicherte Wärme ist es nun, welche beim Ausblasen stets entfernt wird und dann von neuem zur Wiedererwärmung aufgewendet werden muß. Die Schwemmsteinmauer und alle ähnlichen Mauern (z. B. mit Luftschichten) müssen daher einen äußeren Verputz haben. Erst wenn diese Vorsichtsmaßregel getroffen ist, ist der gute Wärmeschutz (geringes Wärmeleitungsvermögen) der Schwennstein- oder ähnlicher poröser Mauern wirklich ausnutzbar.

3. Wenn man bedenkt, daß die Zahlen von β die Luftmenge pro qm in Litern bei 1 mm Überdruck angeben, also bei einem Windanfall von etwa 4 m/Sek. gelten können, sieht man deutlich die geringe Ventilationsmöglichkeit, welche bei Mauern besteht, soweit sie mit Kalkfarbanstrich oder Tapeten versehen sind.

Die Porenventilation, auf die wohl Pettenkofer sehr viel Wert gelegt hat, erweist sich demnach als wenig wirksam. A. Marx[1]) hat in völlig

[1]) Marx, Gesundheitsingenieur 1919, S. 355.

zutreffender Weise nachgewiesen, daß der Pettenkofersche Versuch am Ziegelstein keinen Aufschluß über die Größe des Luftdurchganges in Wohnräumen gibt, sondern nur das Vorhandensein desselben im allgemeinen gezeigt hat. Flügge[1]), Prausnitz[2]), Nußbaum[3]), Recknagel[4]) und Emmerich[5]) haben schon früher auf die ungenügende Porenventilation hingewiesen[6]). Dieser geringe Grad von Luftdurchlässigkeit ist wohl auch die Ursache, daß ein gewisser Grad von Feuchtigkeit in jeder Mauer verbleibt (vgl. S. 15).

b) Luftdurchgang durch das Fenster.

Wie Beobachtungen in der Praxis zeigen, ist der Luftwechsel durch die Fensterfugen zweifellos demjenigen durch das Mauerwerk an Bedeutung überlegen. Im folgenden soll eine Näherungsrechnung durchgeführt werden, und zwar für das Einfach- und das Doppelfenster.

Einfachfenster:

Es werde ein Stockfenster von 1,2 m Breite und 1,8 m Höhe mit drei Fensterflügeln angenommen (siehe Fig. 23, Seite 93), wobei die Doppellinien der Fig. 23 die Spalten angeben, welche eine Breite von 0,4 mm haben sollen[7]). Nach der Theorie Recknagels über die natürliche Lüftung werde die »neutrale Zone«, in welcher kein Überdruck zwischen innen und außen herrscht, in der Höhe von 1 m über der unteren Fensterkante angenommen. Unterhalb der »neutralen Zone« nimmt die Druckdifferenz mit wachsender Entfernung von dieser gleichmäßig zu und läßt Luft von außen (kältere Seite) nach innen strömen. Oberhalb der »neutralen Zone« strömt die Luft in entgegengesetzter Richtung von innen nach außen.

Nimmt man nun z. B. eine Temperatur der Innenluft $t_1 = 20^0$ und der Außenluft $t_2 = -20^0$, dann wird nach Gl. 43 der in 1 m Abstand von der neutralen Zone herrschende Druckunterschied (horizontale Spalte des Fensters am unteren Rand)

$$\Delta p = 1{,}0 \cdot (1{,}3955 - 1{,}2049) = 0{,}1906 \text{ mm WS}.$$

Der Luftwechsel rechnet sich dann für das angenommene Fenster wie folgt:

---

[1]) Flügge, Grundriß der Hygiene und Beiträge zur Hygiene, Leipzig 1879.

[2]) Prausnitz, Grundzüge der Hygiene.

[3]) Nußbaum, Hygiene des Wohnhauses.

[4]) Recknagel, Vierteljahrsschrift d. öffentl. Ges.-Pflege 1885, Bd. XVII. II. 1.

[5]) Emmerich, »Die Wohnung« im Handbuch der Hygiene von Pettenkofer-Ziemsen 1894.

[6]) Vgl. auch Korff-Petersen, Zeitschrift für Hygiene und Geschlechtskrankheiten Bd. 89, S. 507.

[7]) Bei der Herstellung der Fenster nimmt man in der Praxis etwa 0,5 mm als Spaltweite an. Die hier willkürliche Wahl von 0,4 mm findet auf S. 101 ihre Rechtfertigung durch die Übereinstimmung der Rechnung mit Versuchen von Recknagel.

Unterhalb der neutralen Zone nach innen strömende Luft:

	Spaltfläche f m²	mittlerer Druck mm WS	Luftmenge in cbm/st bei t_2°
vertikale Spalten an den Seiten und in der Mitte	$3 \cdot 1{,}0 \cdot 0{,}0004$	$\frac{1}{2} \cdot 0{,}19$	4,00
horizontaler Spalt am unteren Rand	$1{,}2 \cdot 0{,}0004$	0,19	2,26
	0,00168		6,26

Oberhalb der neutralen Zone nach außen strömende Luft:

	Spaltfläche f m²	mittlerer Druck in mm WS	Luftmenge in cbm/st bei t_2°
horizontaler Spalt am oberen Fensterrand	$1 \cdot 1{,}2 \cdot 0{,}0004$	$0{,}19 \frac{0{,}80}{1{,}00}$	2,03
horizontale Spalten etwa in Fenstermitte	$2 \cdot 1{,}2 \cdot 0{,}0004$	$0{,}19 \frac{0{,}20}{1{,}00}$	2,03
vertikale Spalten an den Seiten	$2 \cdot 0{,}8 \cdot 0{,}0004$	$0{,}19 \cdot \frac{0{,}80}{1{,}00} \cdot \frac{1}{2}$	1,90
vertikaler Spalt in Fenstermitte.	$1 \cdot 0{,}2 \cdot 0{,}0004$	$0{,}19 \cdot \frac{0{,}20}{1{,}00} \cdot \frac{1}{2}$	0,17
	0,00216		6,13

Bei richtiger Annahme über die Lage der neutralen Zone müssen beide Luftmengen einander gleich sein, dies ist annähernd der Fall.

Der Luftwechsel durch das Einfachfenster beträgt daher

$$L = 6{,}2 \text{ cbm/st bei } t_2 = -20\ {}^0\text{C}$$

und der Wärmeverlust nach Gl. 53 und (48)

$$\frac{Q'}{(t_1 - t_2)} = F \cdot B' = 6{,}2 \cdot 0{,}24 \cdot 1{,}396^{1)} = 2{,}04\ \frac{\text{k cal}}{\text{st}\ {}^0\text{C}}$$

$$\text{und } B' = 0{,}951\ \frac{\text{k cal}}{\text{m}^2\ \text{st}^0\ \text{C}}.$$

Die auf S. 72 besprochene, für dieses Fenster geltende Undichtigkeitszahl ist $\frac{f}{F} = \frac{2{,}16}{0{,}00384} = 0{,}00178.$

Doppelfenster.

Beim Doppelfenster trifft auf eine Fensterreihe nur der halbe Druckabfall unter sonst gleichen Verhältnissen. Die Luftmenge ist daher im

[1]) Es ist zu beachten, daß für das spez. Gewicht der für t_2° geltende Wert s_2 eingesetzt wird, da auch die Luftmenge für diese Temperatur t_2 berechnet war.

Verhältnis von $1 : \sqrt{2}$ kleiner, also:

$$L = 4{,}3 \text{ cbm/st bei } t_2 = -20\ ^0\text{C}$$

und $$F \cdot B' = 1{,}44 \text{ bzw. } B' = 0{,}67.$$

Bei beiden Fensterarten war Voraussetzung, daß zwischen Fensterstock und Mauerwerk keine Undichtheiten bestehen. Dies kann beim Doppelfenster nicht in gleicher Weise angenommen werden, wenn es als Kastenfenster ausgebildet ist. In diesem Falle sei ein Spalt von 0,2 mm in Rechnung gesetzt, nur um qualitativ diesen Umstand zu berücksichtigen.

Die durch diesen Spalt gehende Luftmenge ist:

$$L = 12750 \cdot (1 + 1 + 1{,}2) \cdot 0{,}0002 \sqrt{\frac{0{,}19}{2 \cdot 1{,}396}}$$
$$= 2{,}06 \text{ cbm/st}$$

und der Wärmeverlust:

$$F \cdot B'' = 0{,}69 \frac{\text{k cal}}{\text{st } ^0\text{C}}$$

bzw. $$B'' = 0{,}32. \frac{\text{k cal}}{\text{m}^2 \cdot \text{st} \cdot {}^0\text{C}}$$

Nachfolgend die Zusammenstellung der Werte:

Für natürliche Ventilation bei 40° C Temperaturunterschied.

	cbm/st	B'	F B'
Stockfenster:			
Einfach . . .	6,1	0,95 $\frac{\text{k cal}}{\text{m}^2 \text{st } ^0\text{C}}$	2,04 $\frac{\text{k cal}}{\text{st } ^0\text{C}}$
Doppelt . . .	4,3	0,67 „	1,44 „
Kastenfenster:			
Doppelt . . .	6,36	0,99 „	2,13 „

Es folgt daraus:

1. die Schädlichkeit von Fugen oder direkter Verbindung zwischen Innen- und Außenluft (z. B. auch durchgehende Rolladenkästen) und der erhebliche Wärmeverlust infolge des Luftwechsels durch diese.
2. die Wichtigkeit des dichten Einsetzens des Fensterstockes,
3. die Überlegenheit des Doppelfensters, wenn Voraussetzung 2. erfüllt ist.

c) Luftdurchgang bei Vorhandensein von Hohlschichten.

Von besonderem Interesse ist auch der Luftwechsel, welcher zwischen einer im Mauerwerk gelegenen Luftschicht und der Außenluft stattfindet. Undichtheiten von Fugen oder Vorhandensein von Rissen sollen dabei nicht in Betracht gezogen werden.

Fig. 22 zeigt eine solche im Mauerwerk gelegene Luftschicht von der Höhe h.

Die Luftdurchlässigkeit aller Teile der Außenwand ist gleich groß, die »neutrale Zone« liegt deshalb in der Mitte. Oberhalb derselben dringt die Luft nach außen, unterhalb derselben nach innen.

Aus der Gleichung (43) folgt die auftretende Druckdifferenz in der größten Entfernung von der neutralen Zone.

$$\varDelta p = \frac{h}{2}(s_1 - s_2)$$

Daraus geht hervor, daß $\varDelta p$ und damit die nach außen strömende Luftmenge um so größer ist, je höher die Luftschicht ist. Eine horizontale Unterteilung vermindert daher den Luftaustausch.

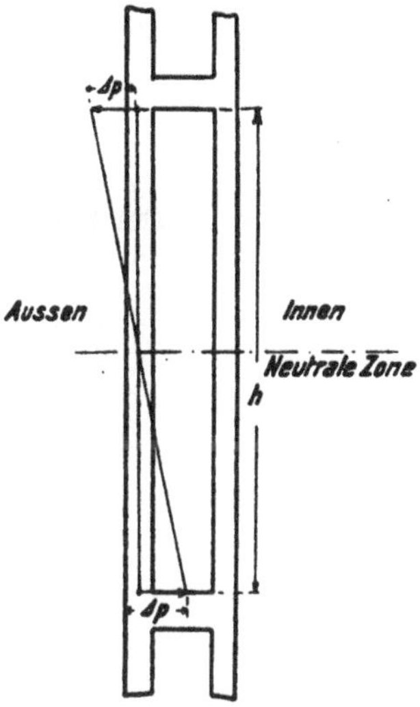

Fig. 22.

Um die Größe des Luftwechsels kennen zu lernen, sei folgendes Beispiel gerechnet:

Es sei

die Höhe $h = 3$ m,

die Außentemperatur $t_2 = -20^0$,

die mittlere Temperatur der eingeschlossenen Luft $t' = 0^0$

die Innentemperatur $t_1 = +20^0$

dann ist

$$s_2 = 1{,}3955,\ s' = 1{,}2932$$

und daher

$$\varDelta p = \frac{3}{2}(1{,}3955 - 1{,}2932) = 1{,}5 \cdot 0{,}1023 = 0{,}153 \text{ mm WS.}$$

Die Mauer bestehe aus 10 cm starken Schlackensteinen und sei unverputzt:

Mit $\gamma = 1000$ wird $\beta = \frac{1000}{0{,}10} = 10000$.

Die Luftschicht sei 1 m breit, es gehen demnach

$$l = \frac{h}{2} \cdot 1 \cdot \beta \cdot \left(\frac{\varDelta p}{2}\right) = 1{,}5 \cdot 10000 \cdot 0{,}076$$

$$= 1140 \text{ Liter/st}$$

hindurch.

Der entsprechende Wärmeverlust ist

$$F \cdot B = 1{,}14 \cdot 1{,}293 \cdot 0{,}24 = 0{,}355 \frac{\text{k cal}}{\text{st}^0\text{C}}$$

Die Fläche des Lufterfüllten Hohlraumes ist $F = 3$ qm und daher

$$B = 0{,}118 \frac{\text{kcal}}{\text{m}^2 \text{ st } {}^0\text{C}}$$

Bei Vorhandensein auch nur kleiner Fugen oder Ritzen erhöht sich obiger Betrag ganz wesentlich. Er erniedrigt sich, wenn eine horizontale Unterteilung der Luftschicht vorgenommen ist, z. B. bei $h = 1$ m statt 3 m wird

$$B = 0{,}039 \frac{\text{kcal}}{\text{m}^2 \text{ st } {}^0\text{C}}$$

Die für B erhaltenen Zahlen zeigen, daß auch bei Hohlmauerwerk der Luftwechsel zu beachtenswerten Wärmeverlusten führt (vgl. III. Teil S. 91).

III. Teil.

Die Wärmebedarfszahl.

§ 17. Berechnung der Wärmebedarfszahl und Beispiele.

Da jeder einzelne Teil einer Wand, seien es die massiven Teile oder die Fenster, sowohl infolge der Wärmeleitung als auch vermöge seiner Luftdurchlässigkeit zu Wärmeverlusten Anlaß gibt, ist es in den Fällen wesentlichen Luftdurchganges für die Übersicht zweckmäßig, beide Ursachen der Wärmeverluste zu vereinigen.

Es war für eine beliebige Wand der Wärmeverlust durch Wärmeleitung

$$Q_1 = k \cdot F\ (t_1 - t_2) \quad \text{. . . . .} \quad (1)$$

und der vom Luftwechsel bewirkte

$$Q_2 = B \cdot F\ (t_1 - t_2). \quad \text{. . . . . . .} \quad (50)$$

Der gesamte Wärmeverlust berechnet sich also zu

$$Q = Q_1 + Q_2 = F \cdot (k + B)\ (t_1 - t_2). \quad \text{. . . .} \quad (55)$$

k war darin bei einer bestimmten Mauer eine Konstante, B dagegen hat die Festlegung der Lufttemperaturen und vor allem des Überdruckes auf beiden Seiten der Wand zur Voraussetzung[1]).

Führt man die Größe

$$\nu = k + B \quad \text{. . . . .} \quad (56)$$

ein, so lautet die Gleichung für den gesamten Wärmebedarf

$$Q = \nu \cdot F\ (t_1 - t_2). \quad \text{. . . . .} \quad (57)$$

ν kann dann als »Wärmebedarfszahl« bezeichnet werden und gibt den auf 1 qm Wandfläche bei 1° C Temperaturdifferenz treffenden gesamten Wärmeverlust in kcal an.[2])

---

[1]) Derartige Annahmen werden bei Berechnung von Heizungsanlagen einheitlich gemacht. Ob dabei die vorkommenden extremen Werte oder die mittleren Werte zu wählen sind, richtet sich nach dem Zweck der Wärmebedarfsberechnung (siehe § 2).

[2]) Diese »Wärmebedarfszahl« könnte bei der Reform der »Normalien zur Berechnung von Heizungsanlagen« als Ausgangspunkt für die Berechnungen benutzt werden. Sie hat den Vorteil eines streng wissenschaftlichen Aufbaues und kann für die verschiedenen Wandkonstruktionen durch Vereinbarung festgelegt werden, wenn die erforderlichen Grundkonstanten λ und γ aus Versuchen bekannt sind. Die bisherige Art der Berücksichtigung des Luftwechsels wird den physikalischen Vorgängen nicht gerecht und läßt auch Unterschiede in den einzelnen Bauweisen (Hohlmauern, Einfachfenster, Doppelfenster) nicht erkennen.

An den in Teil II enthaltenen Beispielen soll auch die Berechnung der Wärmebedarfszahl vorgenommen werden.

a) Massivmauern.

α) Wärmebedarfszahl bei niederem Überdruck.

Für die 1½ Stein starke Ziegelmauer beiderseits mit 1½ cm Verputz war die Wärmedurchlässigkeitszahl (S. 19)

$$\Lambda = 1{,}48 \frac{\text{kcal}}{\text{m}^2\,\text{st}\,{}^0\text{C}} \text{ (normalfeucht)}$$

und mit den Wärmeübergangszahlen

$$\alpha_i = 8 \quad \alpha_a = 25 \text{ (mittlere Windverhältnisse)}$$

ist

$$k = 1{,}19 \frac{\text{kcal}}{\text{m}^2\,\text{st}\,{}^0\text{C}}.$$

Als Luftdurchlässigkeit war gefunden worden (S. 82):

$$\beta = 2{,}4.$$

Es wird daraus für —20° C Außentemperatur ($s = 1{,}396$) und 1 mm WS Überdruck (mittlerer Windanfall)

$$B = \frac{2{,}4}{1000} \cdot 0{,}24 \cdot 1{,}396 \cdot 1 = 0{,}0008 \frac{\text{kcal}}{\text{m}^2\,\text{st}\,{}^0\text{C}}.$$

Die »Wärmebedarfszahl« wird

$$\nu = k + B = 1{,}19 + 0{,}0008 = 1{,}1908 \frac{\text{kcal}}{\text{m}^2\,\text{st}\,{}^0\text{C}}.$$

Die Erhöhung der Wärmedurchgangszahl k infolge der Luftdurchlässigkeit ist demnach bedeutungslos.

β) Wärmebedarfszahl bei hohem Überdruck.

Als mittlere höchste Windgeschwindigkeit darf man nach meteorologischen Aufzeichnungen etwa 12 ∼ 15 m/sec. rechnen. Dies entspricht einem Überdruck für das ganze Haus von zirka 14 mm WS, wobei man als Druckdifferenz auf eine Außenwand (im Falle eines Eckraumes. Vgl. S. 74) die Hälfte also 7 mm in Ansatz bringen kann. In den vorigen Beispielen wird zunächst der α-Wert an der Außenseite wegen der erhöhten Windgeschwindigkeit etwa auf $\alpha_1 = 50$ erhöht. Für die Ziegelmauer ist dann

$$\frac{1}{k} = \frac{1}{50} + \frac{1}{1{,}48} + \frac{1}{8}; \quad k = 1{,}22$$

ferner

$$B = 0{,}0008 \cdot 7 = 0{,}0056$$

und

$$\nu \backsim 1{,}226. \frac{\text{kcal}}{\text{m}^2\,\text{st}\,{}^0\text{C}}$$

Die geringe Erhöhung des k-Wertes infolge der Luftdurchlässigkeit von nur 0,45% ist geringfügig, besonders gegenüber derjenigen von k selbst infolge der erhöhten Wärmeübergangszahl[1]), welche 2,5% beträgt.

b) Fenster.

Die Wärmebedarfszahlen seien auch für das dreiteilige Fenster von 1,2 + 1,8 m Fläche (Fig. 23 S. 93) berechnet.

Die Wärmedurchgangszahlen finden sich auf Seite 52.

$$\text{Einfachfenster: } k = 3{,}88 \ \frac{\text{kcal}}{\text{m}^2\,\text{st}\,{}^0\text{C}}$$

$$\text{Doppelfenster: } k = 1{,}83. \quad ,,$$

Der Wärmeverlust infolge natürlicher Lüftung war (S. 86):

Stockfenster	einfach	$B' = 0{,}95 \ \frac{\text{kcal}}{\text{m}^2\,\text{st}\,{}^0\text{C}}$	
	doppelt	$= 0{,}67$	»
Rahmenfenster	doppelt	$= 0{,}99$	»

Die Wärmebedarfzahlen sind daher

Stockfenster	einfach	$\nu = 4{,}83 \ \frac{\text{kcal}}{\text{m}^2\,\text{st}\,{}^0\text{C}}$	
	doppelt	2,50	»
Rahmenfenster	doppelt	2,92	»

Aus den Zahlen ersieht man vor allem, daß:

1. bei großer Luftdurchlässigkeit eines Wandteiles die Wärmedurchgangszahlen allein zur wärmetechnischen Beurteilung nicht mehr genügen,
2. bei Luftschichten eine Durchlüftung derselben verhindert werden muß.

Dies zeigt auch nachstehend behandelter Fall.

c) Hohlmauer.

Der auf Seite 87 berechnete Luftwechsel zwischen einer in der Mauer gelegenen Luftschicht und der Außenluft verursacht einen Wärmeverlust von

$$B = 0{,}118 \ \frac{\text{kcal}}{\text{m}^2\,\text{st}\,{}^0\text{C}}.$$

Ist die Wärmedurchgangszahl der Hohlwand etwa

$$k = 1{,}0 \ \frac{\text{kcal}}{\text{m}^2\,\text{st}\,{}^0\text{C}}$$

[1]) Es ist ein bemerkenswertes Ergebnis, daß die Wärmedurchgangszahl k durch die starke Änderung des α-Wertes von 25 auf 50 nicht wesentlich vergrößert wurde. Die genaue Kenntnis der α-Werte ist daher bei Wänden ähnlich großer Wärmedurchlässigkeit von keiner so praktischen Wichtigkeit, als die Bestimmung der Λ-Werte.

so wird die Wärmebedarfszahl

$$\nu = k + B = 1{,}118 \frac{\text{k cal}}{\text{m}^2\ \text{st}\ {}^0\text{C}} .$$

Die Außenwand war als stark porös und deshalb $\gamma = 1000$ angenommen. Unter diesen etwa für eine Leichtbetonhohlwand zutreffenden Verhältnissen wird demnach der Wärmeverlust infolge des Luftwechsels um 12% erhöht gegenüber einer luftdichten Wand. Es empfiehlt sich daher einen Außenverputz in $1^1/_2$ cm Stärke vorzusehen. In diesem Falle ist für die Außenwand (vgl. S. 83)

$$\frac{1}{\beta} = \frac{0{,}10}{1000} + \frac{0{,}015}{5} = 0{,}0001 + 0{,}003$$

$$\beta = 333$$

und daher

$$B = \frac{0{,}118 \cdot 333}{1000} = 0{,}039 \text{ und } \nu = 1{,}039 \frac{\text{kcal}}{\text{m}^2\text{st}\ {}^0\text{C}}.$$

Der Luftwechsel ist nunmehr nur noch mit 3,9 % am Gesamtwärmeverlust beteiligt.

Besonders wichtig ist die Verminderung der Luftdurchlässigkeit bei Windanfall, weil die Gefahr des dauernden Ausblasens der Luftschicht sehr groß ist und der Isolierwert derselben ganz in Frage gestellt wird. (Vgl. S. 83.)

d) Höchstzulässige Wärmebedarfszahl für Wände.

Wenn auch im allgemeinen die Luftdurchlässigkeit bei Mauern den Wärmeverlust nicht wesentlich erhöht und es daher in den meisten Fällen genügt, die Wärmedurchgangszahl in ihrer oberen Grenze festzulegen, so ist es doch notwendig, auch eine Feststellung über den wärmetechnisch höchst zulässigen Luftdurchgang zu treffen. Dies ist besonders für Holzhäuser von Wichtigkeit, bei denen es für den wärmetechnischen Vergleich auf keinen Fall genügt, nur die Wärmedurchlässigkeit Λ zu kennen.

Für die Festsetzung von β_{max} kann die Vorstellung dienen, daß der Wärmeverlust infolge des Luftwechsels B den Betrag von 0,05 $\frac{\text{k cal}}{\text{m}^2\ \text{st}\ {}^0\text{C}}$ nicht überschreiten soll. Dies sind für eine Wärmedurchgangszahl normaler Größe ($\Lambda = 1{,}5$; $\alpha_1 = 8 \cdot \alpha_2 = 25$) $k = 1{,}2$ etwa 4%. Dem Wert $B = 0{,}05$ entspricht für die in der Heizungstechnik üblichen Grenzfälle ($t_1 = +20^0$, $t_2 = -20^0$) und bei einem Überdruck von $\Delta p = 1$ mm eine Zahl

$$\nu = \beta \cong 150 \frac{\text{Liter}}{\text{m}^2\ \text{st mm WS}} .$$

Die **höchstzulässige Wärmebedarfszahl** rechnet sich demnach aus folgenden Grundzahlen:

1. Wärmedurchlässigkeit:

$$\Lambda_{max} = 1{,}50 \frac{\text{k cal}}{\text{m}^2 \text{ st } ^0\text{C}} \text{ (normal feuchter Zustand)}$$

2. Luftdurchlässigkeit:

$$\beta_{max} = 150 \frac{\text{Liter}}{\text{m}^2 \text{ st mm WS}}$$

Die obige, zunächst für massive Wände gedachte Vorschrift, daß der Wert von B nicht größer als 0,05 $\frac{\text{k cal}}{\text{m}^2 \text{ st } ^0\text{C}}$ sein darf, findet auch sinngemäße Anwendung auf Mauern mit Hohlschichten.

§ 18. Vergleichende Betrachtung des gesamten Wärmeverlustes durch eine Außenmauer.

Bisher war stets nur der Wärmeverlust durch die Mauern und die Fenster je für sich betrachtet worden, um die Möglichkeiten der Verbesserungen in wärmetechnischer Beziehung im einzelnen abschätzen zu können.

Die Wirkung der einzelnen Maßnahmen auf den gesamten Wärmebedarf macht es aber wünschenswert, die Berechnungen auf eine ganze Mauer auszudehnen. Zu diesem Zwecke sei das Beispiel einer Normal-

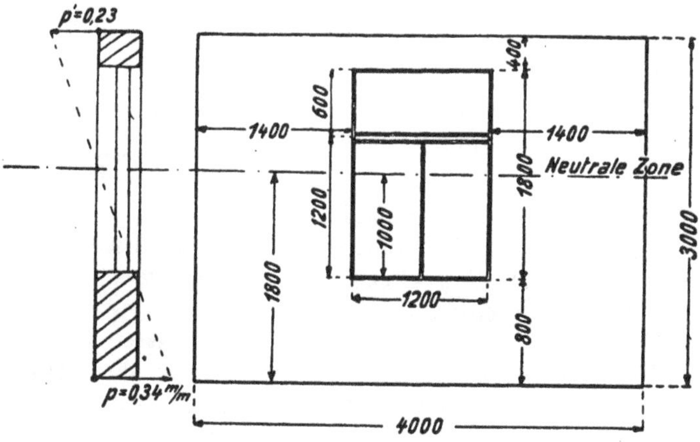

Fig. 23.

ziegelmauer von 1½ Stein Stärke (38 cm) und von einer Ausdehnung gewählt, die mittleren Verhältnissen entspricht. Fig. 23 zeigt eine solche Mauer mit

Gesamtfläche: 12 qm.
Fensterfläche: 2,16 qm, also 18% der Gesamtfläche.
Mauerfläche: 9,84 qm, also 82% der Gesamtfläche.

Nachstehend ist der gesamte Wärmeaufwand für diese Wand berechnet und in Schaubildern übersichtlich dargestellt, wenn die Innentemperatur + 20° und die Außentemperatur — 20° C ist.

a) Natürliche Lüftung.

Da die Lüftung, wie aus den früheren Darlegungen hervorgeht, hauptsächlich durch die Fensterfugen bedingt wird, so ist das Fenster für die Lage der neutralen Zone maßgebend. Sie ist in einer Höhe von 1,8 m über dem Boden oder 1 m über der Fensterunterkante angenommen.

Die unterhalb der neutralen Zone durch das Mauerwerk nach innen strömende Luftmenge ist:

Fläche m^2	mittlerer Überdruck mm WS	Luftmenge m^3/st
$2 \cdot 1{,}8 \cdot 1{,}4 = 5{,}04$	0,17	0,0052
$1{,}2 \cdot 0{,}8 = 0{,}96$	$\frac{0{,}34 + 0{,}19}{2} = 0{,}265$	0,0016
		0,0068 m^3/st

Für den Luftdurchgang durch das Fenster können die auf S. 86 berechneten Zahlen Verwendung finden.

Der Gesamtverlust wird unter Annahme eines
Einfachfensters

Wärmedurchlässigkeit:

Mauer	$(4 \cdot 3 - 1{,}2 \cdot 1{,}8) \cdot 1{,}08 \cdot 40$	=	425 kcal/st[1])
Fenster einfach	$2{,}16 \cdot 3{,}88 \cdot 40$	=	335 »

Luftdurchgang:

Mauer	$0{,}0016 \cdot 0{,}24 \cdot 1{,}396 \cdot 40$	∾	0,02 »
Fenster	$0{,}95 \cdot 2{,}16 \cdot 40$	=	82 »
			842,02 kcal/st

In Fig. 24 sind in einem Schaubild die einzelnen oben errechneten Teile am Wärmebedarf übersichtlich dargestellt. Dieselben Berechnungen wurden für das Doppelfenster vorgenommen, das Ergebnis ist ebenfalls in Fig. 24 dargestellt.

Die nähere Betrachtung gibt zu folgenden Feststellungen Anlaß, welche der Vollständigkeit halber hier nochmals aufgeführt werden sollen, wenn sie auch teilweise in früheren Kapiteln schon erwähnt waren:

1. Der Wärmeverlust durch die Mauer ist etwa ebenso hoch wie durch das Einfachfenster. Dem gesamten Wärmeverlust durch das Fenster kommt im vorliegenden Falle also dieselbe Bedeutung wie dem durch die Mauer zu.
2. Die Einführung des Doppelfensters mit dichtem Sitz des Fensterstockes in der Mauer verspricht eine wesentliche Ersparnis.
3. Der Luftdurchgang durch die Mauer ist verschwindend klein.

---

[1]) $\alpha_i = 8$, $\alpha_a = 8$ (Windstille), $\Lambda = 1{,}5$.

Fig. 24.

Wärmeverluste durch eine Normalziegelmauer (38 cm) mit 18% Fensterfläche.

I. bei natürlicher Lüftung.

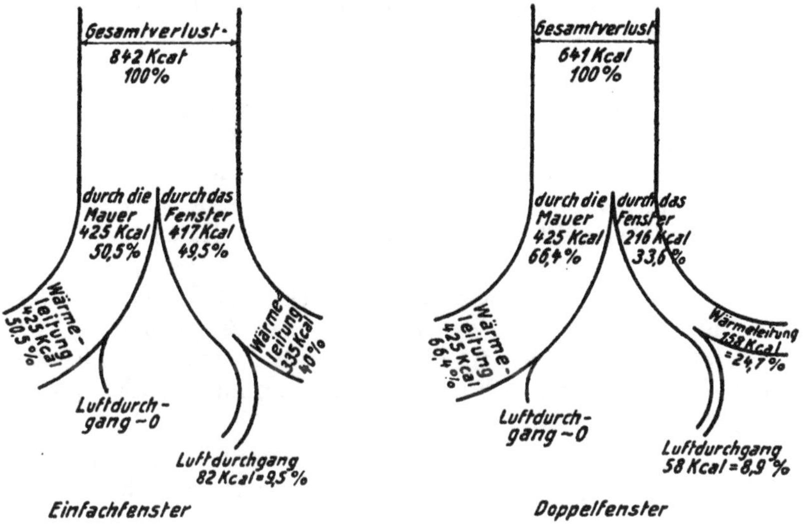

Fig. 25.

Wärmeverluste durch eine Normalziegelmauer mit 18% Fensterfläche.

II. bei Windanfall.

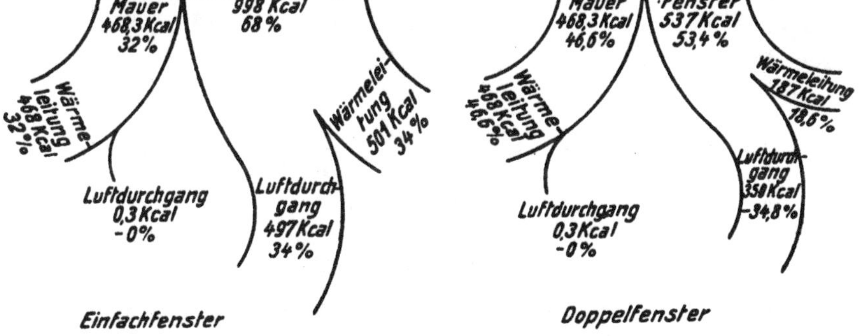

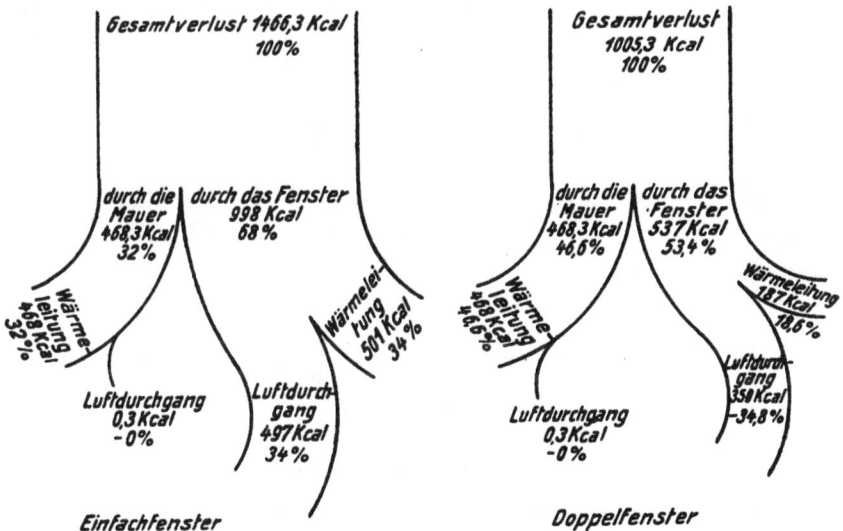

4. Der Wärmeverlust infolge natürlicher Ventilation beträgt etwa 10 % des Gesamtverlustes. Dieses Zahlenverhältnis gilt aber nur für Außenwände normaler Wärmedurchlässigkeit ($\Lambda = 1{,}5$) und bei 18% Fensterfläche. Es ändert sich wesentlich mit den letzteren Größen[1]).

b) Windanfall.

Das Verhältnis der Anteile des Wärmeverlustes ändert sich ganz erheblich bei Windanfall. Es sei als Windstärke etwa 4 bis 5 m/sec. gewählt, welche nach meteorologischen Aufzeichnungen die mittlere Windstärke im Winter darstellt. Steht die Windrichtung senkrecht zur Wandfläche, so ist die ganze Druckdifferenz (vor und hinter dem Haus) etwa 1,6 mm Wassersäule.

Der Überdruck von 1,6 mm ist aber noch nicht derjenige, welcher für den Luftdurchgang durch die Außenmauer in Frage kommt. Dieser hängt vielmehr von der Bauart des Hauses ab (vergl. § 13.) Es sollen nur die hauptsächlichsten Fälle nachstehend angeführt werden, um das Grundsätzliche zu erläutern:

1. Eckräume mit Fenstern an jeder Außenseite (oder Räume mit Fenstern an gegenüberliegenden Seiten, z. B. freistehende kleine Häuschen.

   Dem Luftdurchgang wirkt der Durchlässigkeitswiderstand zweier Wände von etwa gleicher Größe entgegen. Auf eine Wand trifft daher als Überdruck $\frac{1{,}6}{2} = 0{,}8$ mm.

2. Die in die Vorderwand einströmende Luft hat drei Wände zu durchdringen. Gleichheit der Luftdurchlässigkeit aller Wände vorausgesetzt, ergibt sich als Überdruck für die Vorderwand $\frac{1{,}6}{3} \sim 0{,}55$ mm.

Es beträgt der Luftwechsel durch die Mauer:

bei $\Delta p = 0{,}8$:

$(4 \cdot 3 - 1{,}2 \cdot 1{,}8) \cdot 2{,}5 \cdot 0{,}8 = 0{,}02$ cbm/st oder 0,27 kcal/st

bei $\Delta p = 0{,}55$: 0,014 » » 0,19 »

durch das Fenster:

bei $\Delta p = 0{,}8$:

$$12750 \cdot (5 \cdot 1{,}2 + 2 \cdot 1{,}8) \cdot 0{,}0004 \sqrt{\frac{0{,}8}{1{,}396}} = 37{,}1 \text{ cbm/st}$$

oder 497 kcal/st

bei $\Delta p = 0{,}55$: 30,8 cbm/st

oder 516 kcal/st.

[1]) Auf diese Gesetzmäßigkeit nehmen die »Normalien« keine oder im Vergleich zu den neueren Anforderungen zu wenig Rücksicht.

Auch der Wärmedurchgang durch Mauern und Fenster wird wegen Erhöhung der Übergangszahl größer ($\alpha_a = 25$ statt 8). Es ist:

für die Mauer . . . . $k = 1{,}19$ statt $k = 1{,}08$
für das Einfachfenster . . . . $k = 5{,}80$ » $k = 3{,}88$
Doppelfenster . . . . $k = 2{,}17$ » $k = 1{,}83$

Für die angegebenen Fälle findet sich das Ergebnis der Berechnung in nachfolgender Zusammenstellung:

Wärmeverluste durch eine Außenwand mit 18 % Fensterfläche.

			Wärmeleitung		Luftwechsel		Insgesamt
			Mauer	Fenster	Mauer	Fenster	kcal
Natürliche Lüftung		Einfachfenster	425	335	0,—	82	842
		Doppelfenster	425	158	0,—	58	641
Windanfall 5 m/sec Gesamter Überdruck 1,6 mm WS.	Eckräume $\Delta p = 0{,}8$	Einfachfenster	468	501	0,3	497	1466,3
		Doppelfenster	468	187	0,3	350	1005,3
	$\Delta p = 0{,}55$	Einfachfenster	468	501	0,2	364	1333,2
		Doppelfenster	468	187	0,2	258	913,2

Für die bei Windanfall errechneten Verhältnisse gibt Fig. 25 ein anschauliches Bild, das im selben Maßstab wie Fig. 24 gezeichnet ist.

Aus der Fig. 25 und dem Vergleich mit Fig. 24 der Tafel S. 95 sieht man deutlich:

1. Die starke Einschränkung des Wärmeverlustes bei Anwendung von Doppelfenstern mit dichtsitzendem Fensterstock.
2. Den Einfluß des Windanfalls und das günstigere Verhalten der Wand mit Doppelfenstern. Beim Einfachfenster ergibt sich bei 0,8 mm Überdruck eine Erhöhung des Wärmeverlustes gegenüber dem Fall der natürlichen Lüftung um 74%, beim Doppelfenster um nur 57%.
3. Den hohen Anteil des Wärmeverlustes durch das Fenster.

Ferner erkennt man:

4. Der Wärmeverlust infolge des Luftdurchganges beträgt bei Eckräumen etwa 35 % des gesamten Wärmebedarfes.

c) Gültigkeit der Vergleichsbetrachtung.

Bei dem gewählten Beispiel einer Wandfläche war die Fensterfläche mit 18% der Gesamtwandfläche angenommen. Dieses Verhältnis entspricht einem häufig vorkommenden Fall. Die bei natürlicher Lüftung und bei Windanfall aus der Rechnung abgeleiteten Regeln haben also eine ziemlich weitreichende Gültigkeit. Vor allem zeigt sich die Überlegenheit des Doppelfensters, besonders aber die Notwendigkeit, die Fenstergröße auf das zur Belichtung und Belüftung unbedingt erforderliche Maß zu beschränken. Die Einhaltung dieser Regel vermindert den Wärmebedarf des Hauses ganz wesentlich.

Die in den Schaubildern Fig. 24 und 25 eingetragenen Wärmeanteile in Prozenten beziehen sich auf den Wärmeverlust der Wandfläche einschließlich Fenster. Denkt man sich nun einen Raum so gelegen, daß nur eine einzige, eben die beschriebene Außenwand als Abkühlungsfläche vorhanden sei, so sind diese Ziffern auch für den Wärmebedarf des ganzen Raumes maßgebend. Je mehr Wärme jedoch auch durch die anderen Begrenzungswände des Raumes verloren geht, desto mehr tritt der abkühlende Einfluß der Fenster hinter demjenigen durch die Mauern zurück. Je größer also die wärmeabgebenden Mauerflächen im Vergleich zum umbauten Raum werden, desto mehr muß auf wärmetechnisch befriedigende Mauerkonstruktionen gesehen werden. Es ist auch noch zu bedenken, daß der gesamte Wärmebedarf im Vergleich zum umbauten Raum um so größer wird, je kleiner das Haus ist[1]).

Wäre in dem behandelten Beispiel die Wärmedurchlässigkeit der Mauer kleiner gewählt worden, so wäre der Wärmeverlust durch das Fenster erheblich mehr ins Gewicht gefallen. In diesen Fällen muß daher in konsequenter Durchführung wärmewirtschaftlicher Grundsätze in erster Linie auf die Anordnung von Doppelfenstern gesehen werden.

---

[1]) Es zeigt sich also klar und einwandfrei, daß das einzelstehende Einfamilienhaus wärmetechnisch die ungünstigste Bauart darstellt. Daher ist es aus brennstofftechnischen Gründen unter allen Umständen zu verurteilen, wenn in der Umgebung von Großstädten der sog. Flachbau in umfangreichem Maße zur Ausführung empfohlen wird. Denn kein hygienischer und wohntechnischer Grund kann so stark ins Gewicht fallen, daß die brennstofftechnischen Erwägungen ganz außer acht gelassen werden dürften.

Schluß.

§ 19. Übereinstimmung der Berechnung mit Versuchsergebnissen.

Die Aufstellung der im vorstehenden angegebenen Berechnungsmethode geschah in Anlehnung und durch Verbesserung der für die einzelnen Fälle in der Literatur zerstreut wiedergegebenen Formeln. Mittels der im Laboratorium für technische Physik der Technischen Hochschule in München und in dem von Industriellen der Wärmeschutzindustrie ins Leben gerufenen Forschungsheim für Wärmewirtschaft errichteten Versuchsapparate war es möglich, die Richtigkeit der in diesem Buche gegebenen Berechnungsmethode zu überprüfen. Die hier angewandte Methodik ergab bei der Berechnung der Wärmedurchlässigkeit eine geradezu glänzende, bei der Berechnung der Luftdurchlässigkeit von Fenstern eine recht gute Übereinstimmung mit den Versuchen. In den Grundlagen ist die Berechnungsweise dieses Buches also zweifellos richtig, in den Einzelheiten werden Verbesserungen noch möglich sein, wenn das Ergebnis der ergänzenden Versuche vorliegen wird.

Die systematische Behandlung der Wärmebedarfsberechnung hat auch manche Lücken in unserem Wissen aufgedeckt und Richtlinien finden lassen für besser geeignete Versuchsgeräte, als es die bisherigen waren.

Im folgenden soll noch im einzelnen die gute Übereinstimmung zwischen Rechnung und Wirklichkeit nachgewiesen werden:

a) Wärmedurchgang.

Nach Versuchen von Osc. Knoblauch, Raisch, Reiher im Laboratorium für technische Physik der Technischen Hochschule in München ist für eine Reihe von Wandkombinationen die Wärmedurchlässigkeit experimentell bestimmt worden. Die Zahlenwerte sind in Tafel 22[1]) zusammengestellt beigefügt sind auch die Werte der Wärmedurchlässigkeit, welche nach den Regeln des vorliegenden Buches rechnerisch ermittelt sind.

[1]) Gesundheitsingenieur 1920, S. 607.

Tafel 22.

Vergleich der Rechnungs- und der Versuchswerte.

Nr.	Wandbauart	Wärmedurchlässigkeit Λ in $\frac{\text{k cal}}{\text{m}^2 \cdot \text{st} \cdot {}^\circ\text{C}}$ Versuch	Rechnung	Fehler in Prozenten
1	Betonhohlsteinwand I (zwei hintereinanderliegende Luftschichten) Gesamtwandstärke 21,5 cm			
	bei $t = 24^0$	2,07	2,11	+ 1,9
	$t = 30^0$	2,17	2,15	− 1,4
2	Betonhohlsteinwand II mit Kohlenschlacke gefüllt. Gesamtwandstärke: 32 cm	0,88	0,86	− 2,3
3	Dachkonstruktion I mit Gipsdiele zwischen zwei Luftschichten, innen verputzt, Wandstärke 24,3 cm			
	$t = 27^0$	0,75	0,73	− 2,7
	$t = 35^0$	0,81	0,76	− 6,2
4	Dachkonstruktion II wie oben, ohne Gipsdiele			
	$t = 32^0$	1,07	1,10	+ 3
	$t = 41^0$	1,24	1,12	− 9,7
5	Barackenwand			
	Gesamtwandstärke: 21,4 cm hohl	1,09	1,15	+ 5
	mit Sägemehl gefüllt	0,37	0,39	+ 5,4
6	Holzhohlwand	0,89	0,85	− 4,5
	Gesamtwandstärke 15,3 cm	0,87	0,84	− 3,5

Anmerkung: Der Luftwechsel infolge natürlicher Ventilation ist bei den Versuchswerten mit enthalten, in der Rechnung aber unberücksichtigt geblieben.

Im einzelnen ist zur Vergleichstabelle noch zu bemerken:

Die negativen Fehler zeigen an, daß die Berechnung zu niedrige Werte ergeben hat. Bei Bauart Nr. 3 ist offenbar eine Trocknung während der Versuche eingetreten, so daß die Luftdurchlässigkeit der Holzwand infolge Schwinden des Holzes größer geworden ist. Daraus ist der höhere Fehlbetrag beim Versuch mit 35° C zu erklären. Ganz das gleiche trat bei Bauart Nr. 4 ein. Da die Innenseite verputzt ist, also eine ziemlich luftdichte Innenwand besitzt, handelt es sich um einen Luftwechsel zwischen der Luftschicht und der Außenluft (vgl. § 17 c). Bei Bauart 4 war nur eine große Luftschicht vorhanden, bei Bauart 3 dagegen zwei kleinere hintereinanderliegende. Da nur die außenliegende Luftschicht am obigen Luftwechsel beteiligt ist, muß der durch den Luftwechsel bedingte Fehlbetrag bei Nr. 4 größer sein als bei Nr. 3.

Der positive Fehlbetrag bei Nr. 5 ist vielleicht auf eine falsche Annahme über die Strahlungskonstante des Holzes zurückzuführen.

Zusammenfassend darf man demnach eine Übereinstimmung der Λ-Werte aus Versuch und Berechnung mit etwa 3 % Toleranz annehmen. Eine wesentlich größere Übereinstimmung kann schon deshalb nicht erzielt werden, weil die Versuchswerte selbst mit etwa 2 % Fehler belastet sein können. Eine höhere Genauigkeit der Zahlenwerte erzielen zu wollen, wäre zwecklos, weil für die Praxis ein Bedürfnis hierfür nicht vorliegt.

b) Luftdurchgang.

Einer ganz besonders strengen Nachprüfung bedarf der Luftdurchgang durch die Fenster. Wie weit die Gleichung 40 und vor allem der Durchflußkoeffizient μ (S. 71) richtig ist, kann heute noch nicht im einzelnen festgestellt werden, weil Versuche hierüber noch fehlen.

Im folgenden ist auf indirektem Wege der Nachweis erbracht, daß die Wahl der Spaltweite mit 0,4 mm und die Annahme von $\mu = 0{,}8$ (alle anderen Größen sind bekannt) zu ziemlich richtigen Werten geführt haben.

In dem Beispiel der Außenwand (S. 96) ergibt sich bei 0,8 mm Überdruck ein Luftdurchgang von 37,1 cbm/st. Bei 1 mm Überdruck würde sich $37{,}1 \sqrt{\frac{1}{0{,}8}} = 41{,}5$ cbm/st ergeben. Die Fensterfläche war dabei 2,16 qm.

Es liegen nun Versuche von Recknagel vor, welcher bei 1 mm Überdruck für eine Mauer mit 15% Fensterfläche einen Luftdurchgang von $3{,}0 \frac{\text{cbm}}{\text{m}^2 \cdot \text{st}}$ angibt. Zu der Fenstergröße von 2,16 qm gehört also bei Recknagel eine Gesamtwandfläche von $\frac{2{,}16}{0{,}15} = 14{,}4$ qm. Die gesamte Luftmenge beträgt also für diese Wand $L = 14{,}4 \cdot 3{,}0 = 43{,}2$ cbm/st. Da das Mauerwerk selbst am Luftdurchgang keinen wesentlichen Anteil hat, ist diese Luftmenge von 43,2 cbm/st auf Rechnung des Fensters zu setzen. Der Fehlbetrag der Berechnung, welche 41,5 cbm/st ergeben hat, gegenüber der Recknagelschen Versuchszahl ist daher 1,7 cbm/st oder ca. 4%.

Sämtliche Berechnungen bezüglich des Luftdurchganges durch die Fenster stehen also durchaus auf dem Boden der Wirklichkeit.

§ 20. Richtlinien für die wärmetechnisch richtige Ausgestaltung der Gebäude.

Nachstehend sind grundlegende Leitsätze[1]) für einen ausreichenden Wärmeschutz der Gebäude zusammengestellt, ohne daß eine Begründung

[1]) Dieselben wurden im Auftrage der bayr. Landeskohlenstelle vom Verfasser ausgearbeitet und sind mit deren Genehmigung hier wiedergegeben. In einigen Punkten haben sie in diesem Buche noch eine Erweiterung erfahren.

derselben im einzelnen beigefügt wird, weil sich diese aus den vorausgehenden Teilen des Buches von selbst ergibt.

I. Außenwände.

1. Die Wärmebedarfszahl für Wände darf keinesfalls diejenige einer 1½ Stein starken Ziegelmauer (38 cm) überschreiten. Diese Regel findet auch Anwendung auf die sog. Wärmebrücken und solche Wandteile, die zur Unterbringung von Heizkörpern nischenartige Aussparungen enthalten.

Die obige Festlegung der Wärmebedarfszahlen schließt in sich, daß:

a) die Wärmedurchlässigkeitszahl für den normalfeuchten Zustand der Wand den Wert von

$$\Lambda = 1{,}5 \frac{\text{k cal}}{\text{m}^2 \text{ st } {}^0\text{C}}$$

b) die Luftdurchlässigkeit der Wand den Betrag von

$$\beta = 150 \frac{\text{Liter}}{\text{m}^2 \text{ st mm WS}}$$

nicht übersteigt.[1])

c) Bei Wänden mit Luftschichten soll der oben genannte Wert von β für den nach außen gelegenen Wandteil allein eingehalten werden.

2. Bei Häusern, die an drei oder vier Seiten freistehen, ist die Wärmebedarfszahl einer 2 Stein starken Ziegelmauer (51 cm) anzustreben.

3. Die in den Wänden gelegenen Luftschichten sind in Einzelkammern zu unterteilen (höchstens 1 qm Fläche).

4. Die Wände sind vor Eindringen von Feuchtigkeit zu schützen. Auch das Aufsteigen von Bodenfeuchtigkeit muß verhindert sein.

5. Die Wände sollen eine möglichst außen gelegene und luftundurchlässige Schicht enthalten, wenn sie nicht im ganzen hohen Widerstand gegen Luftdurchgang bieten.

II. Innenwände.

6. Diejenigen Trennungswände im Innern eines Hauses, welche zwischen beheizten und unbeheizten Räumen liegen, sollen die Wärmedurchlässigkeit von

$$\Lambda = 2{,}0 \text{ bis } 2{,}5 \frac{\text{k cal}}{\text{m}^2 \text{ st } {}^0\text{C}}$$

nicht überschreiten.

---

[1]) Die Zahl $\beta = 150$ entspricht einem Wärmeverlust infolge des Luftdurchganges von

$$B \sim 0{,}05 \frac{\text{kcal}}{\text{m}^2 \text{ st } {}^0\text{C}}.$$

III. Fenster.[1])

7. In allen zu bewohnenden Räumen sollen Doppelfenster angeordnet werden.

8. Die Fenster sind auf die zur Belichtung und Belüftung der Räume notwendige Zahl und Größe zu beschränken.

9. Bei der Bauart, beim Versetzen und bei der Unterhaltung des Fensters ist Sorge zu tragen, daß Undichtheiten möglichst vermieden bzw. bald behoben werden. Solche Undichtheiten werden hervorgerufen durch:

a) Schlechtes Einpassen der Fensterflügel in die Rahmen infolge zu starken Abhobelns, Verziehens, mangelhafter Beschläge usw.

b) Ungenügendes Einsetzen und Anschließen der Fensterstöcke, insbesondere der Futterstöcke (Kastenfenster) an die Mauerwerksleibungen, Hohlräume zwischen Kastenfenster und Mauerleibung).

c) Unzweckmäßige Gestaltung der Rollädenkästen.

Zu a) Maßnahmen zur Abhilfe: Sorgfältige Arbeit bei Herstellung und beim Beschlagen der Fenster, Vermeidung des bei Neubauten häufig vorgenommenen vorzeitigen Abhobeln etwas gequollener Fenster, sorgfältiges Schließen der Fenster und sachgemäße Bedienung der Beschläge.

Zu b). Ausgießen und Ausstopfen des Zwischenraumes (Hohlraumes) zwischen Kastenfenster und Mauerleibung mit geeigneten Materialien, sorgfältiges Anschließen des Innen- und Außenputzes an die Fensterstöcke, Anbringen von Deckleisten oder anderer zweckdienlicher Maßnahmen, eventl. Verwendung von Doppelfenstern, die nur an einem Stock angeschlagen werden (Stockfenster), da sich bei diesen der Anschluß des Stockholzes an das Mauerwerk leichter dicht herstellen läßt.

Zu c). Die Rolladekästen sollen dicht schließend gebaut werden, dies gilt besonders von den Deckbrettern der Kästen (Anordnung genügender Beschläge), Verlegung der Öffnung zu dem Rolladenkasten zwischen die Doppelfenster eines Kastenstockes, Möglichkeit der Anordnung von Rolladenkästen über den Fenstern an der Außenseite des Gebäudes.

IV. Dachgeschoß.

10. Im ausgebauten Dachgeschoß sollen die Wärmebedarfszahlen für die Außenmauern wie bei den Außenwänden eingehalten werden.

11. Das gleiche gilt für die Seitenwände vorspringender Dachfenster.

V. Deckenkonstruktionen.

12. Als höchstzulässige Bedarfszahl soll für die über Kellern und über Durchfahrten gelegene Deckenkonstruktion diejenige einer 1½ Stein starken Ziegelmauer nicht überschritten werden.

13. Das gleiche gilt für die über dem obersten Stockwerk gelegene Decke.

---

[1]) Diese Vorschläge verdanke ich der liebenswürdigen Unterstützung durch Herrn Professor R. Schachner an der Techn. Hochschule in München.

VI. Wärmeaufspeicherungsvermögen der Wände.

14. Dauernd bewohnbare Gebäude (im Gegensatz zu Notbaracken) sollen auch genügend Wärme aufzuspeichern vermögen[1]).

VII. Grundrißlösung.

15. Bei Entwurf der Grundrisse ist auf wärmewirtschaftliche Grundsätze möglichst Rücksicht zu nehmen. Dies wird erreicht durch Beachtung der Abkühlungsverhältnisse der einzelnen Räume und der Verminderung des bei Windanfall wirksamen Überdruckes. (§ 13)

---

[1]) Die in den vorstehenden Abschnitten gegebenen Vorschriften über den höchstzulässigen Wärmedurchgang der Wände haben den dauernden Betrieb der Heizungsanlage zur Voraussetzung. In Wirklichkeit beschränkt man sich aber darauf, die Heizung nur einen Teil des Tages in Betrieb zu haben. Aus diesem Grunde bedürfen die Vorschriften über den Wärmedurchgang noch einer Ergänzung bezüglich der Aufspeicherung von Wärme in den Wänden. Es wäre sonst nämlich möglich, für die Wandkonstruktionen eine Form zu wählen, welche außerordentlich geringe Masse hat und daher wenig Wärme aufzuspeichern vermag (etwa durch außerordentlich umfangreiche Anwendung von Luftschichten). In diesem Falle würde nach Stillsetzen der Heizung die Temperatur des Raumes sehr rasch sinken. Dieser Nachteil wird nicht aufgewogen durch die Möglichkeit des raschen Anheizens. Besitzen dagegen die Wände genügende Masse, so ist die in denselben aufgespeicherte Wärmemenge in der Lage, die rasche Temperatursenkung zu hemmen. — Bei kleinem Speicherungsvermögen ist auch die Anordnung eines mit Wärmespeicher ausgerüsteten Ofens zweckmäßig.

Anhang.

I. Die wichtigsten Gleichungen.
II. Die wichtigsten Zahlentafeln.
III. Die wichtigsten Diagramme.

I. Die wichtigsten Gleichungen.

Berechnung der **Wärmedurchgangszahl.**

$$\frac{1}{k} = \frac{1}{\alpha_1} + \frac{1}{\Lambda} + \frac{1}{\alpha_2}\,;\quad k,\ \alpha_1,\ \alpha_2,\ \Lambda \text{ in } \frac{\text{k cal}}{\text{m}^2\,\text{st}\,{}^0\text{C}}$$

(Gleichung 7 auf Seite 10.)

Berechnung der **Wärmedurchlässigkeitszahl.**

$$\frac{1}{\Lambda} = \frac{\delta_1}{\lambda_1} + \frac{\delta_2}{\lambda_2} + \ldots + \frac{\delta_n}{\lambda_n} + \frac{d_1}{\lambda_1'} + \frac{d_2}{\lambda_2'} + \ldots \frac{d_m}{\lambda_m'}$$

$$\Lambda \text{ in } \frac{\text{k cal}}{\text{m}^2\,\text{st}\,{}^0\text{C}}\,;\quad \delta \text{ bzw. } d \text{ in } m;\quad \lambda \text{ in } \frac{\text{k cal}}{\text{m st}\,{}^0\text{C}}$$

(Gleichung 29 auf Seite 46.)

Berechnung der **äquivalenten Wärmeleitzahl** einer Luftschicht.

$$\lambda' = \lambda_0 + \lambda_K + c \cdot C^1 \cdot d;\ \lambda' \text{ in } \frac{\text{k cal}}{\text{m}\cdot\text{st}\cdot{}^0\text{C}}$$

(Gleichung 19 auf Seite 27.)

Berechnung der **Konstante des Strahlungsaustausches.**

$$\frac{1}{C^1} = \frac{1}{C_1} + \frac{1}{C_2} - \frac{1}{C}\,;\quad C^1 \text{ in } \frac{\text{k cal}}{\text{m}^2\text{st}\,({}^0\text{C})^4}$$

(Gleichung 14 auf Seite 25)

Berechnung des **Temperaturfaktors.**

$$c = \frac{\left(\frac{\Theta_1}{100}\right)^4 - \left(\frac{\Theta_2}{100}\right)^4}{\Theta_1 - \Theta_2}$$

(Gleichung 15 auf Seite 26.)

Wärmedurchgangszahl bei Wänden mit verschiedenen nebeneinanderliegenden Teilen.

$$k_m = \frac{F_1 k_1 + F_2 k_2 + F_3 k_3 + \ldots}{F_1 + F_2 + F_3 + \ldots}$$

(Gleichung 30 auf Seite 52.)

Wärmedurchlässigkeitszahl bei Wänden mit verschiedenen nebeneinanderliegenden Teilen.

$$\frac{1}{\Lambda_m} = \frac{1}{k_m} - \left(\frac{1}{\alpha_1} + \frac{1}{\alpha_2}\right)$$

(Gleichung 31 auf Seite 52.)

Luftdurchlässigkeit bei porösen Körpern.

$$\frac{1}{\beta} = \frac{\delta_1}{\gamma_1} + \frac{\delta_2}{\gamma_2} + \frac{\delta_3}{\gamma_3} + \ldots;$$

$$\beta \text{ in } \frac{\text{liter}}{\text{m}^2 \text{ st mm WS}}; \quad \delta \text{ in m} \qquad \gamma \text{ in } \frac{\text{liter}}{\text{m} \cdot \text{st} \cdot {}^0\text{C}}$$

(Gleichung 38 auf Seite 71.)

Luftdurchgang durch Fugen.

$$L = 12750 f \sqrt{\frac{\Delta p}{s}}$$

(Gleichung 41 auf Seite 72.)

L in $\frac{\text{cbm}}{\text{st}}$

f in qm

Δp in mm WS

s in kg/cbm

Spezifisches Gewicht der Luft.

$$s = 0{,}464 \frac{b}{273 + t}$$

s in kg/cbm; t in ^{0}C; b in mm Hg

(Gleichung 42a auf Seite 72.)

Wärmeverlust infolge Luftdurchlässigkeit.

Poröse Stoffe:

$$B = \frac{\beta}{1000} \cdot c_p \cdot s_1 \, \Delta p \quad \text{in } \frac{\text{kcal}}{\text{m}^2 \cdot \text{st} \cdot {}^0\text{C}}$$

$$c_p = 0{,}24 \frac{\text{kcal}}{\text{kg } {}^0\text{C}}$$

(Gleichung 51 auf Seite 78.)

Fugen:

$$B' = 12750 \cdot \frac{f}{F} \, c_p \sqrt{s_1 \cdot \Delta p} \qquad \text{in } \frac{\text{kcal}}{\text{m}^2 \text{ st } {}^0\text{C}}$$

(Gleichung 54 auf Seite 78.)

Wärmebedarfszahl.

$$\nu = k + B \quad \text{in } \frac{\text{k cal}}{\text{m}^2 \text{ st } {}^0\text{C}}$$

(Gleichung 57 auf Seite 89.)

II. Die wichtigsten Zahlentafeln.

Tafel 1	Wärmeleitzahlen der wichtigsten Bau- und Isolierstoffe im trockenen Zustand.
» 2	» von Holzarten im trockenen Zustand.
» 3	» » hochporösen Steinen im trockenen Zustand.
» 4	» » Kalksandsteinen im trockenen Zustand.
» 5	» » Wärmeschutzplatten im trockenen Zustand.
» 6	» » gebrannten Kieselgursteinen.
» 7	» » feuerfesten Steinen.
» 8	» » Bau- und Isolierstoffen bei verschiedenem Feuchtigkeitsgehalt.
» 9	» » Baustoffen in angenähert normalfeuchtem Zustand.
Tafel 10	Konvektionszahlen λ_K bei einer senkrechten Luftschicht.
» 11	Konstante des Strahlungsaustausches C^1.
» 12	Temperaturfaktor.
» 13	Temperaturfaktor c in Abhängigkeit von der mittleren Temperatur.
» 14	Äquivalente Wärmeleitzahlen für vertikale Luftschichten.
» 15	» » » horizontale »
» 17	Strahlungskonstante verschiedener Körper.
» 19	Werte von Wärmeübergangszahlen.
» 21	Spezifische Luftdurchlässigkeitszahlen.

Tafel 1.

Wärmeleitzahlen der wichtigsten Bau- und Isolierstoffe im trockenen Zustand.

Material	Raumgewicht in kg/m³	Wärmeleitzahl λ in $\frac{\text{kcal}}{\text{m st °C}}$ bei der mittleren Temperatur von 0 °C	20 °C	Beobachter[1])
a) Holzarten (senkrecht zur Faser)				
Kiefernholz	546	0,12	0,13	P
Teakholz	642	0,14	0,15	P
Eichenholz . . . . (parallel zur Faser 2,2 mal so große Wärmeleitzahl)	825	0,17	0,18	P
b) Holzfabrikate.				
Sperrholz	588	0,094	0,098	H
Zementholz[2])	715	0,11	0,12	N
c) Baumaterialien.				
Natursandstein, grau[2])	2250	1,05	1,11	P
Kalksandstein, feines Korn . .	1662	0,54	0,58	P
„ grobes Korn . .	1987	0,72	0,79	P
Kalksandsteinmauerwerk[3]),				
feines Korn	—	0,55	0,58	+H
grobes Korn	—	0,70	0,75	+H
Ziegelsteine, Handziegel	1536	0,33	0,34	P
Mauerwerk hieraus[3])	—	0,38	0,39	+H
Ziegelsteine, Maschinenziegel .	1672	0,44	0,45	P
Mauerwerk hieraus[3])	—	0,47	0,48	+H
Hochporöse Ziegel	710	0,14	0,15	H
Mauerwerk hieraus[3])	—	0,22	0,23	+H
Hochporöse Ziegel[2])	812	0,16	0,17	H
Mauerwerk hieraus[3])	—	0,24	0,25	+H
Hohlziegel	—	0,17	0,19	R
Hohlziegelmauerwerk	—	0,26	0,28	G
Rheinischer Schwemmstein . .	630	0,11	0,13	G
Mauerwerk hieraus[3])	—	0,20	0,22	+H
Hochofenschwemmsteine . . .	785	0,14	0,16	H
Mauerwerk hieraus[3])	—	0,22	0,24	+H
Lehm mit Stroh gemischt . .	1505	0,35	0,38	H
Beton 1:12	2050	0,66	0,70	P
Betonsteine	1660	0,57	0,60	H
Schlackenbeton	870	0,24	0,25	H
Torfsteine	840	0,14	0,15	H
Mauerwerk hieraus[3])	—	0,22	0,23	+H
Verputz 12 Teile Schweißsand 4 Teile Kalk	1820	0,57	0,58	R
Rohrverputz (2 cm)	—	0,14	0,15	
Baugips	1250	0,36	0,37	P
Gipsplatten mit eingeschlossenen Korkstückchen[2])	685	0,21	0,23	P
Asphalt	2120	0,52	0,60	P
Linoleum	1183	0,15	0,16	G
Korkmentlinoleum	535	0,069	0,07	G

Tafel 1. (Fortsetzung.)

Material	Raumgewicht in kg/m³	Wärmeleitzahl λ in $\frac{kcal}{m\ st\ °C}$ bei der mittleren Temperatur von 0 °C	20 °C	Beobachter¹)
d) Füllstoffe.				
Kies	1850	0,29	0,32	G
Sand	1520	0,26	0,28	G
Koksgrus	1000	0,12	0,13	H
Kesselschlacke	750	0,13	0,14	H
Hochofenschaumschlacke, Korn				
30 mm	360	0,12	0,13	H
2—5 mm	360	0,088	0,09	H
Mischung	304	0,10	0,11	H
Bimskies, gewöhnlicher	600	0,15	0,16	
e) Isolierstoffe.⁴)				
Rhein. Isolierbims	300	0,075	0,08	G
Torfmull⁵)	—	0,04	0,041	Nu
Korkstein	180 bis 350	0,04 bis 0,055	0,041 bis 0,056	P
Korkersatzplatten	240 „ 350	0,048 „ 0,063	0,05 „ 0,065	H
„	480	0,088	0,09	H
Torfplatten, leicht	230	0,049	0,05	H
„ mittel	370	0,073	0,075	H
„ hart (Bodenbelag)	730	0,095	0,100	H
Platten aus Baumrinde	340	0,057	0,058	H
Strohfaser, gepreßt	139	0,039	0,040	R
Roßhaar, gepreßt	172	0,042	0,043	N
Sägemehl	215	0,06	0,062	Nu
Kieselgur in Pulverform	350	0,052	0,055	Nu
» » »	270	0,050	0,052	H
f) Verschiedene Stoffe.				
Eis	—	1,5	—	
Glas	—	—	0,6	
Dachpappe	—	—	0,6	
Asbestschiefer	1700	0,13	0,15	

¹) Sämtliche Beobachter haben die Versuche im Laboratorium für technische Physik an der Technischen Hochschule in München durchgeführt. Im einzelnen bezeichnet: Nu = Nußelt (Mitteilungen über Forschungsarbeiten des Vereins deutscher Ingenieure 1908, Heft 63/64), G = Groeber (Zeitschrift des Vereins deutscher Ingenieure 1910, S. 1319), P = Poensgen (ebenda 1912, S. 1653), N = Noell, H = Hencky (nicht veröffentlichte, von Herrn Prof. Knoblauch freundlichst zur Verwertung überlassene Zahlen). Die mit R bezeichneten Zahlen sind der Veröffentlichung von Knoblauch-Raisch-Reiher, Gesundheitsingenieur 1920, S. 607, entnommen.

²) Siehe auch Tafel 8.

³) Diese Zahlen sind nach Maßgabe des § 7b berechnet worden.

⁴) Siehe auch Tafel 5 bis 7.

⁵) Vergleiche vor allem Tafel 8.

Tafel 2.

Wärmeleitzahlen von Holzarten im trockenen Zustand.

(Wärmedurchgang senkrecht zur Faser in Abhängigkeit von Temperatur und Raumgewicht.)

(Vergl. Fig. 2).

λ bei	Raumgewicht in kg/m³				
	500	600	700	800	900
0 °C	0,113	0,130	0,147	0,164	0,181
10 °C	0,120	0,137	0,154	0,171	0,188
20 °C	0,126	0,143	0,160	0,178	0,194
30 °C	0,133	0,150	0,167	0,184	0,201

Tafel 3.

Wärmeleitzahlen von hochporösen Steinen im trockenen Zustand.

In Abhängigkeit von Temperatur und Raumgewicht. (Poröse Ziegel, Schwemmsteine.)

(Vergl. Fig. 3.)

	Raumgewicht in kg/m³			
	600	700	800	900
λ bei 20 °C.	0,125	0,143	0,162	0,180
λ ,, 0 °C	0,11	0,13	0,150	0,170

Tafel 4.

Wärmeleitzahlen von Kalksandsteinen im trockenen Zustand.

In Abhängigkeit von Temperatur u. Raumgewicht.

(Vergl. Fig. 4).

λ bei	Raumgewicht in kg/m³				
	1600	1700	1800	1900	2000
0 °C	0,50	0,56	0,63	0,70	0,76
20 °C	0,45	0,60	0,67	0,74	0,80

Tafel 5.

Wärmeleitzahlen von Wärmeschutzplatten im trockenen Zustand.

In Abhängigkeit von Temperatur und Raumgewicht.

Isoliermaterial für niedere Temperaturen.

(Vergl. Fig. 5).

λ bei	Raumgewicht in kg/m³						
	100	150	200	250	300	350	400
0 °C	0,0335	0,038	0,042	0,0465	0,051	0,055	0,0595
20 °C	0,036	0,040	0,045	0,049	0,053	0,057	0,062

Tafel 6.

Wärmeleitzahlen von gebrannten Kieselgursteinen[1]).

In Abhängigkeit von Raumgewicht und Temperatur.
(Isoliermaterial für mittelhohe Temperaturen).

(Vergl. Fig. 6).

λ bei	Raumgewicht in kg/m³ 300	350	400	450
20°	0,063	0,067	0,071	0,076
100°	0,075	0,079	0,083	0,087
200°	0,087	0,092	0,096	0,099
300°	0,101	0,105	0,109	0,113

Tafel 7.

Wärmeleitzahl von feuerfesten Steinen[2]).

(Isoliermaterial hohe Temperaturen).

	Temperaturen 200°	600°	1000°
Silica-Steine . . .	0,56	0,88	1,19
Dinas-Steine . . .	0,74	0,93	1,13
Schamotte-Steine	0,51	0,66	0,82
Magnesit-Steine .	1,15	1,29	1,43

Tafel 8.

Wärmeleitzahlen von Bau- und Isolierstoffen bei verschiedenem Feuchtigkeitsgehalt.

Material	Raumgewicht	λ bei 20°C	Feuchtigkeit in Volumen %	Beobachter
Ziegel	1620	0,42	0	R
„		0,44	0,8	R
„		0,84	1,8	R
Natursandstein grau	2259	1,44	frisch	P
„	2251	1,11	6 Monate getrocknet	P
Zementholz	715	0,12	0	N
„	824	0,15	ca. 11	N
Poröse Ziegelsteine	739	0,145	1,2	C
„	797	0,21	5,8	C
„	943	0,34	21,5	C
Gipsdiele	840	0,22	7,6	Sch
„ mit zylindr. Kanälen	625	0,22	7,6	Sch
Flußsand	1520	0,28	trocken	G
„	1640	0,97	11	G
Torfmull	190	0,041	0	Nu
„		0,060	ca. 0,5	Nu

Anmerkung: Es bezeichnen: G, P, N, V, R, Nu wie früher Tafel 1, ferner Sch = von Schenk, C = Cammerer (nicht veröffentlichte, im Forschungsheim für Wärmewirtschaft München festgestellte Zahlen).

[1]) Aus Versuchen von R. Poensgen, Zeitschrift des Vereins deutscher Ingenieure 1912, S. 1653.

[2]) Nach van Rinsum, Zeitschrift des Vereins deutscher Ingenieure 1918, S. 601.

Tafel 9.

Wärmeleitzahlen von Baustoffen in angenähert normalfeuchtem Zustand.

Material	Raumgewicht in kg/m³	Wärmeleitzahl λ bei 20°	Feuchtigkeitsgehalt Volumen %	Trocknungszeit
Ziegelmauer	1620	0,60	ca. 0,9	15 Monate
Kalksandsteinmauer[1]) . .	1650	0,80	„ 15	4 „
Lehmsteinmauer	1775	0,60	„ 7	4 „
Lehmstampfmauer . . .	—	0,82	—	[2])
Beton	2300	1,14	ca. 10	4 Monate
„	1600	0,72	—	—
Bimsbeton . . . . (Innenauskleidung)	800	0,24	ca. 10	4 Monate
Schlackenbeton-Hohlsteinwand (50×25×25 cm Steingröße mit je 2 Kanälen 15 × 17 cm)				
Kanäle hohl	700	0,47	3,4	Dauerzustand
Kanäle gefüllt mit Bimsbeton (1:8) . .	1123	0,41	16,8	„
Kanäle gefüllt mit Kesselschlacke (λ=0,15)	1040	0,24	3,4	„
Kanäle gefüllt mit Isolierbims (λ = 0,08)	785	0,18	„	„
Gewachsener Erdboden (lehmiger Feinsand) . .	2020	2,0	28,3	[4])

[1]) Beachte das Raumgewicht und die Zahlen im trockenen Zustand (Tafel 1 und 4, ferner Fig. 4).

[2]) Vom Verfasser am fertigen Haus im Freien gemessen, die Versuche wurden im Auftrage und mit Unterstützung des Ministeriums für soziale Fürsorge in München bei der Lehrkolonie daselbst nach dem im Gesundheitsingenieur 1919, S. 469 beschriebenen Verfahren vorgenommen.

[3]) Diese Versuchsreihe wurde im Forschungsheim für Wärmewirtschaft München von Herrn Dipl.-Ing. Cammerer durchgeführt.

[4]) K. Hencky, Zeitschrift für die gesamte Kälteindustrie 1915, S. 79, W. Redenbacher, Dissertation München; Gesundheitsingenieur 1918, S. 345.

Anmerkung: Alle unter Fußnote 1 bis 4 nicht genannten Versuche sind im Laboratorium für technische Physik der Technischen Hochschule München durchgeführt (Knoblauch-Raisch-Reiher, Gesundheitsingenieur 1920, S. 607).

Tafel 10.

Konvektionszahlen λ_K bei einer senkrechten Luftschicht.

(Nach Versuchen von Nußelt interpoliert.)

Dicke d	0	1	2	3	4	5	6	7	8	10	15
λ_k	0	0,01	0,02	0,031	0,038	0,044	0,047	0,05	0,051	0,053	0,06

Tafel 11. **Konstante des Strahlungsaustausches C^1.**

(Vergl. Fig. 11.)

$$\frac{1}{C^1} = \frac{1}{C_1} + \frac{1}{C_2} - \frac{1}{C}$$

C_2	C_1							
	1	1,5	2,0	2,5	3,0	3,5	4,0	4,5
1	0,56	0,688	0,777	0,842	0,892	0,932	0,946	0,990
1,5	0,688	0,89	1,05	1,17	1,27	1,35	1,42	1,48
2,0	0,777	1,05	1,27	1,46	1,61	1,75	1,86	1,96
2,5	0,842	0,17	1,46	1,70	1,92	2,11	2,29	2,45
3,0	0,892	1,27	1,61	1,91	2,21	2,46	2,70	2,92
3,5	0,932	1,35	1,75	2,11	2,46	2,79	3,10	3,39
4,0	0,96	1,42	1,86	2,29	2,70	3,10	3,48	3,86
4,5	0,990	1,48	1,96	2,45	2,92	3,39	3,86	4,33

Tafel 12. **Temperaturfaktor.**

$$c = \frac{\left(\frac{\Theta_1}{100}\right)^4 - \left(\frac{\Theta_2}{100}\right)^4}{\Theta_1 - \Theta_2}$$

Temperatur $\vartheta_2 = \Theta_2 - 273$	Temperatur $\vartheta_1 = \Theta_1 - 273$						
	+ 10	— 5	+ 0	+ 5	+ 10	+ 15	+ 20
— 20	0,690	0,709	0,729	0,75	0,772	0,796	0,820
— 15	0,708	0,729	0,749	0,771	0,792	0,816	0,840
— 10	0,728	0,749	0,769	0,791	0,814	0,838	0,862
— 5	0,748	0,769	0,791	0,814	0,836	0,860	0,884
+ 0	0,770	0,792	0,814	0,837	0,859	0,883	0,908
+ 5	0,792	0,814	0,836	0,859	0,882	0,907	0,932
+ 10	0,814	0,837	0,859	0,882	0,906	0,931	0,957
+ 15	0,838	0,861	0,883	0,907	0,930	0,956	0,983
+ 20	0,862	0,984	0,908	0,931	0,954	0,981	1,008

Tafel 13. **Temperaturfaktor c**
in Abhängigkeit von der mittleren Temperatur

$$\frac{\vartheta_1 + \vartheta_2}{2} = \vartheta_m$$

Temperatur in °C	c	Temperatur in °C	c	Temperatur in °C	c
— 10	0,730	+ 1	0,823	+ 12	0,926
9	739	2	832	13	935
8	747	3	841	14	945
7	755	4	850	15	955
6	762	5	860	16	965
5	771	6	869	17	975
4	780	7	879	18	986
3	788	8	888	19	996
2	797	9	897	20	1,006
1	805	10	907		
0	814	11	916		

Tafel 14.

Äquivalente Wärmeleitzahlen für vertikale Luftschichten.

(Vergl. Fig. 8).

$$\lambda' = \lambda_0 + \lambda_K + c \cdot C^1 \cdot d$$

Dicke der Schicht *d* in cm	Werte von $c \cdot C^1$									
	0	1	1,5	2,0	2,5	3,0	3,5	4,0	4,5	4,7
1	0,030	0,04	0,045	0,05	0,055	0,06	0,065	0,07	0,075	0,077
2	0,041	0,061	0,071	0,081	0,091	0,101	0,111	0,121	0,131	0,135
3	0,052	0,082	0,097	0,112	0,127	0,142	0,157	0,172	0,187	0,193
4	0,058	0,098	0,118	0,138	0,158	0,178	0,198	0,218	0,238	0,246
5	0,064	0,114	0,139	0,164	0,189	0,214	0,239	0,264	0,285	0,299
6	0,067	0,127	0,157	0,187	0,217	0,247	0,277	0,307	0,337	0,349
7	0,070	0,140	0,175	0,210	0,245	0,280	0,315	0,350	0,385	0,399
8	0,071	0,151	0,191	0,231	0,271	0,311	0,351	0,391	0,431	0,447
9	0,072	0,162	0,207	0,252	0,297	0,342	0,387	0,432	0,477	0,495
10	0,073	0,173	0,223	0,273	0,323	0,373	0,423	0,473	0,523	0,543
11	0,073	0,183	0,238	0,293	0,348	0,403	0,458	0,513	0,568	0,590
12	0,074	0,193	0,253	0,313	0,373	0,433	0,493	0,553	0,613	0,637
15	0,075	0,225	0,300	0,375	0,450	0,525	0,600	0,675	0,750	0,780

Tafel 15.

Äquivalente Wärmeleitzahlen für horizontale Luftschichten.

Wärmestrom von oben nach unten:

$$\lambda' = \lambda_0 + c \cdot C^1 \cdot d$$

Dicke der Luftsch. *d* in cm	Werte von $c \cdot C'$									
	0	1	1,5	2	2,5	3	3,5	4	4,5	4,7
1	0,02	0,03	0,035	0,04	0,045	0,05	0,055	0,06	0,065	0,067
2	„	0,04	0,05	0,06	0,07	0,08	0,09	0,10	0,110	0,114
3	„	0,05	0,065	0,08	0,095	0,11	0,125	0,14	0,155	0,161
4	„	0,06	0,08	0,10	0,12	0,14	0,16	0,18	0,200	0,208
5	„	0,07	0,095	0,12	0,145	0,17	0,195	0,22	0,245	0,255
6	„	0,08	0,11	0,14	0,170	0,20	0,23	0,26	0,29	0,302
7	„	0,09	0,125	0,16	0,195	0,23	0,265	0,30	0,335	0,349
8	„	0,10	0,14	0,18	0,22	0,26	0,300	0,34	0,38	0,396
9	„	0,11	0,155	0,20	0,245	0,29	0,335	0,38	0,425	0,443
10	„	0,12	0,17	0,22	0,270	0,32	0,37	0,42	0,47	0,490
11	„	0,13	0,185	0,24	0,295	0,35	0,405	0,46	0,515	0,537
12	„	0,14	0,20	0,25	0,32	0,38	0,44	0,50	0,560	0,584
15	„	0,17	0,245	0,32	0,395	0,47	0,545	0,62	0,695	0,725

Tafel 17. **Strahlungskonstante verschiedener Körper.**

Körper	Oberflächenbeschaffenheit	c
	a) gemessene Werte.	
Absolut schwarzer Körper	Hohlraum gleicher Temperatur mit feiner Öffnung	4,70
Glas	glatt	4,4
Messing	matt	1,05
Lampenruß	glatt	4,30
Kupfer	schwach poliert	0,79
Schmiedeisen	matt oxydiert	4,32
"	blank	1,60
"	hoch poliert	1,31
Zink	matt	0,97
Gußeisen	rauh, stark oxydiert	4,39
Kalkmörtel	rauh, weiß	4,30
Basalt	glatt geschliffen, doch nicht glänzend	3,42
Tonschiefer	" "	3,29
Humus	" "	3,14
Roter Sandstein[1])	" "	2,86
Italienischer Marmor	" "	2,70
Granit	" "	2,12
Dolomitkalk	" "	1,96
Lehm	" "	1,85
Ackererde	" "	1,79
Schlämmkreide[2])	" "	1,45
Kies	" "	1,37
Wasser	" "	3,20
Eis	" "	3,06
Gold, galvanisch niedergeschlagen	" "	2,35
	b) geschätzte Werte	
Ziegel	rauh	4,3
"	glatt	3,5
Betonarten, Schwemmsteine	rauh	4,5
Holz	nicht gehobelt	3,5—4,0
"	gehobelt	3,0
Dachpappe	rauh	4,5
Lehmsteinwand	"	3,5—4,0

Tafel 19. **Wärmeübergangszahlen $\alpha = C_w + \alpha'$**
Werte von α' (abgerundet).

Δ	Vertikale Wand Innenseite	Vertikale Wand Außenseite	horizontale Wand (Fußboden oder Decke)	Δ	Vert. Wand Innen- oder Außenseite	horizontale Wand (Fußboden oder Decke)
1	2,2	3,1	2,8	9	3,8	4,9
2	2,6	3,2	3,3	10	3,9	5,0
3	2,9	3,2	3,7	12	4,1	5,2
4	3,1	3,3	4,0	14	4,3	5,4
5	3,3	3,4	4,2	16	4,4	5,6
6	3,4	3,5	4,4	18	4,5	5,8
7	3,6	3,6	4,6	20	4,7	5,9
8	3,7	3,7	4,7	25	4,9	6,3

Δ = Temperaturdifferenz zwichen Wandoberfläche und Luft.

[1]) Ähnlich glatter Ziegel. — [2]) Ähnlich glatte Gipswand.

Tafel 21.

Spezifische Luftdurchlässigkeitszahlen.

$$\left[\gamma \text{ in } \frac{\text{Liter}}{\text{m st }^0\text{C}}\right]$$

Material	Grenzwerte	Mittelwert
Schwemmsteine	570 bis 60000	2500[1])
Ampertuff (Peißenberg) . .	220	220[1])
Kalksandsteine	0,50 bis 15	10
Lochsteine (Ziegel)	1,4 bis 11	6
Handziegel (hart gebrannt) .	2,3	2,3
Maschinenziegel	0,6 ∾ 2,5	1,5
„ (hart gebrannt)	0,5	0,5
Verputz (4 Sand + 1 Kalk)		
nach 10 Tagen	4,25	
nach 13 Tagen	4,99	5
Verlängerter Romanzement		
1 Zem. 1 Kalk 3 Sand .	1,36	1,4
Verlängerter Portlandzement		
1 Zem. 1 Kalk 3 Sand .	0,64	0,64
Portlandzement	0,57	0,57
Grenzheimer Muschelkalk .	0,45	0,45
Kehlheimer Donaukalkstein .	0,37	0,37
Ochsenfurter Muschelkalk .	0,14	0,14

[1]) Die von v. Thielmann bei 100 m/m WS Überdruck für Schwemmsteine gefundenen Zahlen sind: $\gamma = 230$ bis 1700, für Ampertuff: $\gamma = 170$. Mit abnehmendem Überdruck werden die Zahlen γ (abweichend von der Gleichung für poröse Stoffe) nicht unwesentlich größer. Da in der Praxis Druckdifferenzen von etwa 1—5 mm auftreten, sind in obiger Tabelle die hierfür gemessenen Zahlen eingetragen.

III. Die wichtigsten Diagramme.

Fig. 2.

Wärmeleitzahl von Holzarten.

Wärmedurchgang senkrecht zur Faser (vgl. Tafel 2).

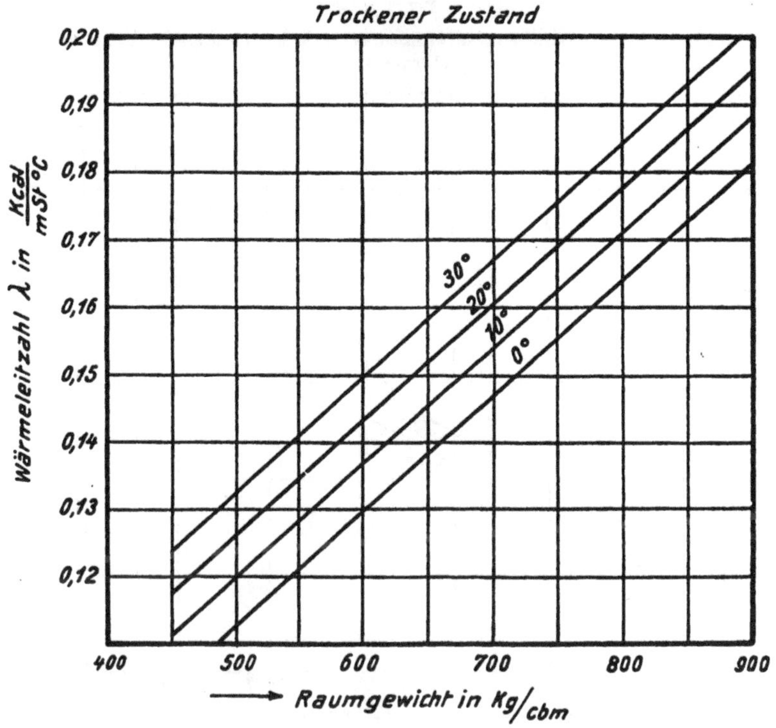

Fig. 3.

Wärmeleitzahl von Mauerwerk aus hochporösen Steinen.

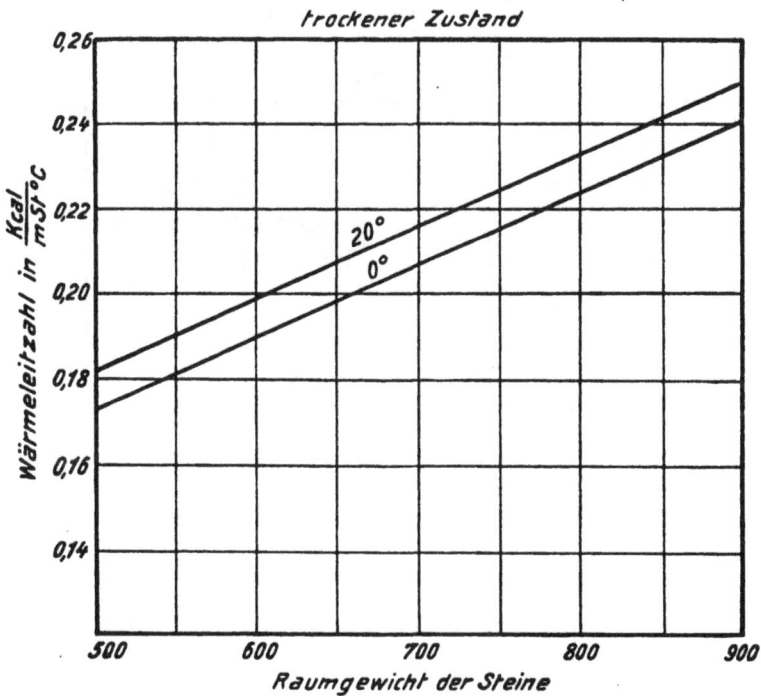

Schwemmsteine, poröse Ziegel (vgl. Tafel 3).

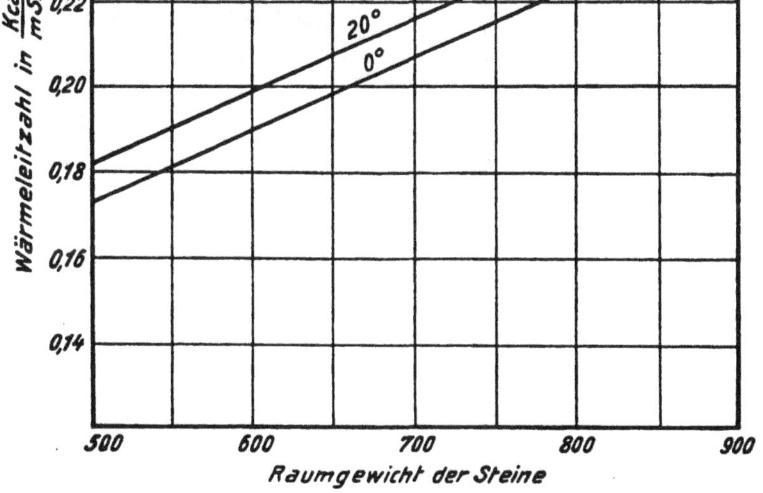

Fig. 4.

Wärmeleitzahl von Kalksandsteinmauerwerk in trockenem Zustand
(vgl. Tafel 4).

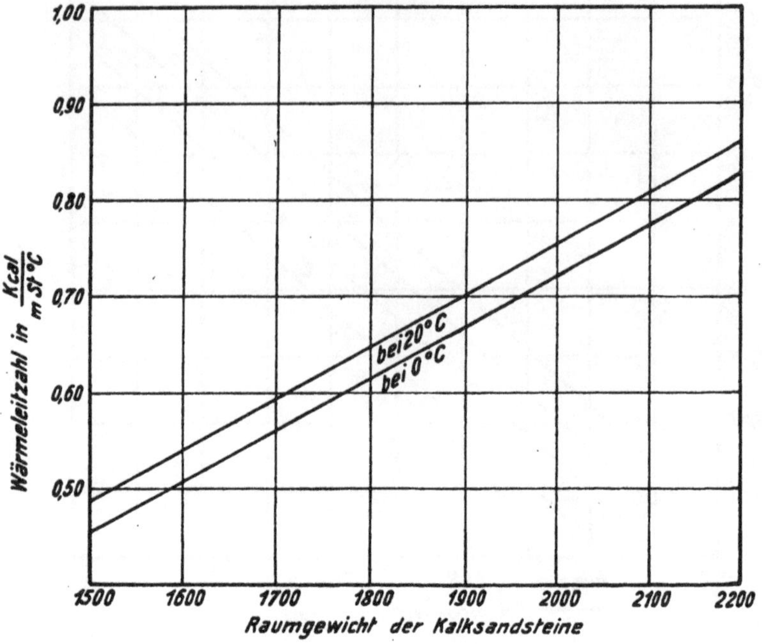

Fig. 5.

Wärmeleitzahl von Wärmeschutzplatten.
Isoliermaterial für niedere Temperaturen
(vgl. Tafel 5).

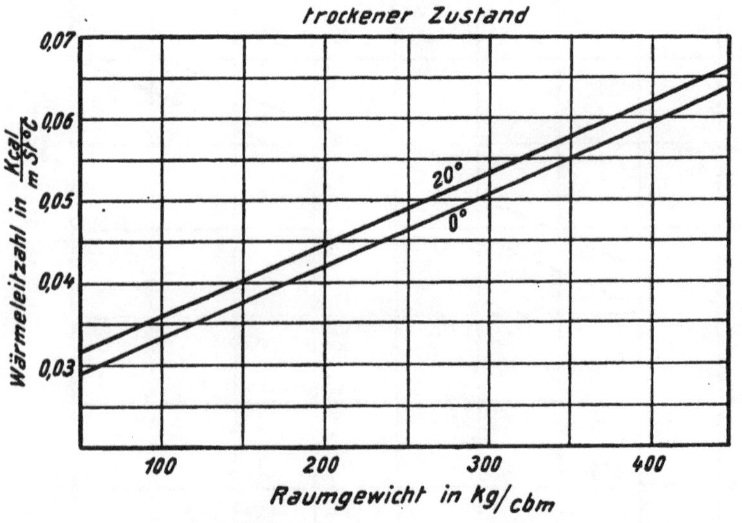

Fig. 6. **Wärmeleitzahlen von gebrannten Kieselgursteinen.**
Isoliermaterial für mittelhohe Temperaturen (vgl. Tafel 6).

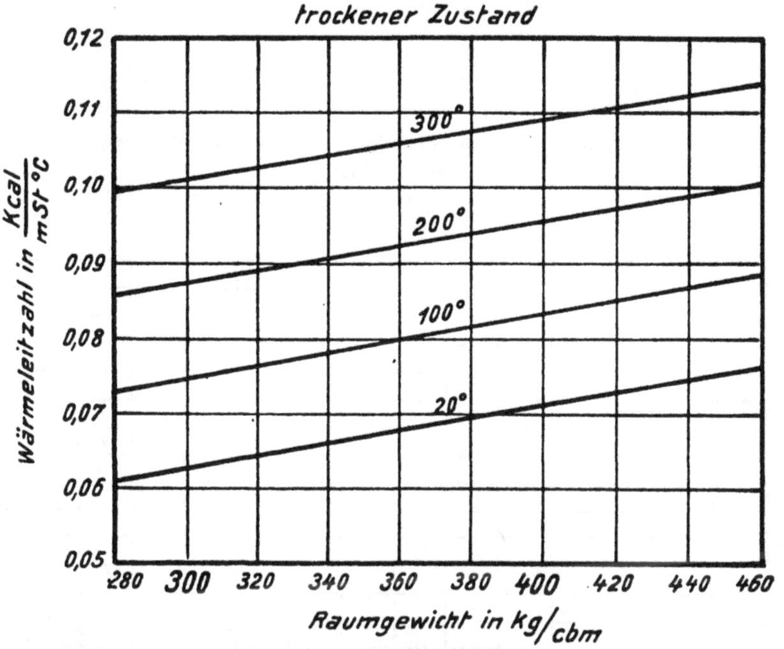

Fig. 8. **Schaubild zur graphischen Auffindung der „Konstante des Strahlungsaustausches C^{1}"** (vgl. Tafel 11).

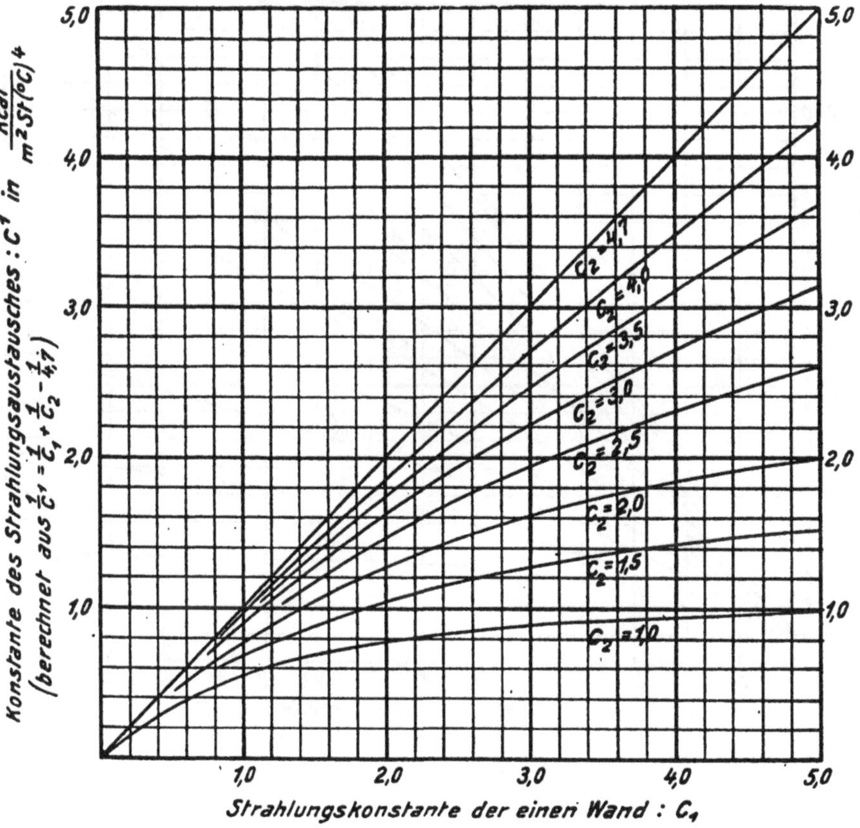

Fig. 9.

Äquivalente Wärmeleitzahl für vertikale Luftschichten

(vgl. Tafel 14)

$$\lambda' = \lambda_0 + \lambda_s + c \cdot C^1 \cdot d.$$

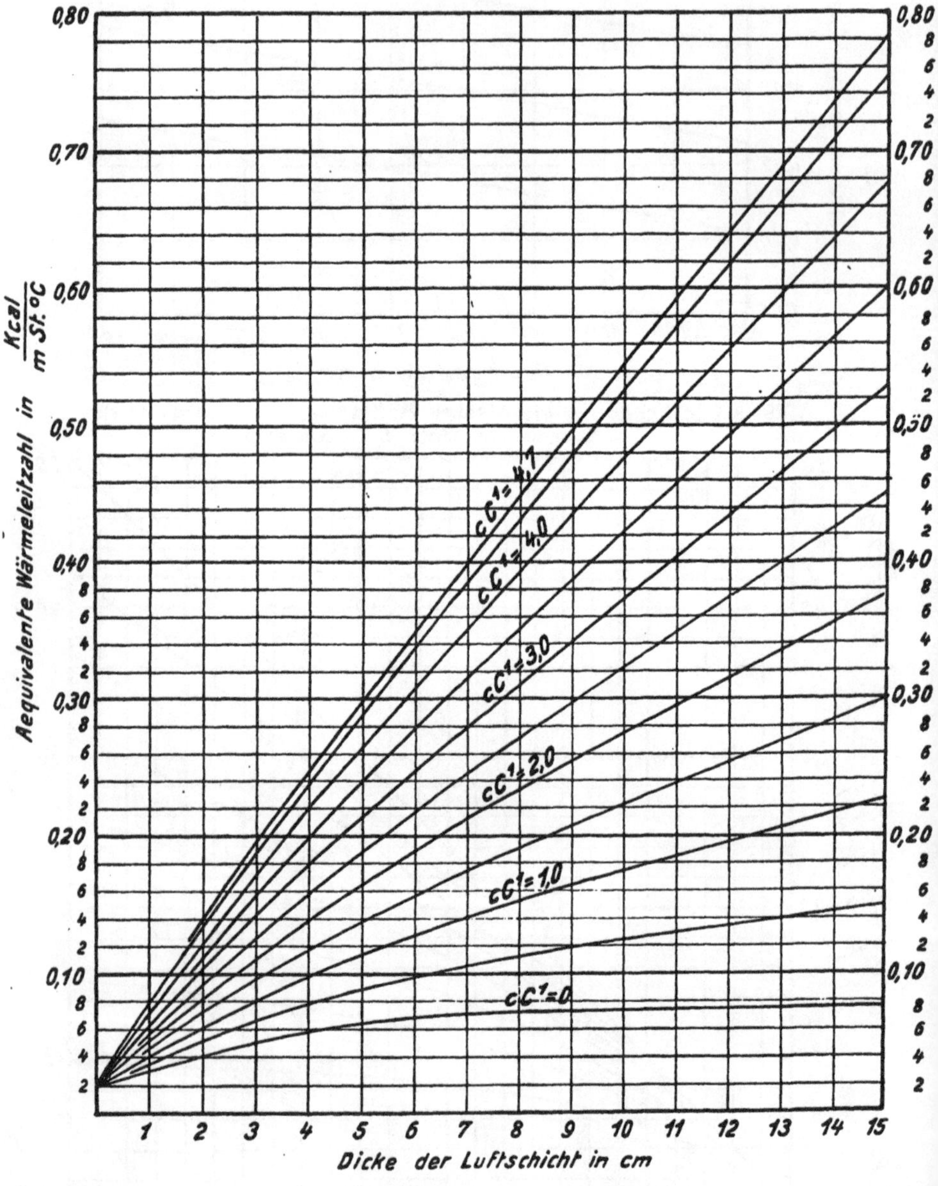

Fig. 10.

Äquivalente Wärmeleitzahlen für horizontale Luftschichten

(vgl. Tafel 15).

Wärmestrom von oben nach unten

$\lambda' = \lambda_0 + c \cdot C^1 \cdot d.$

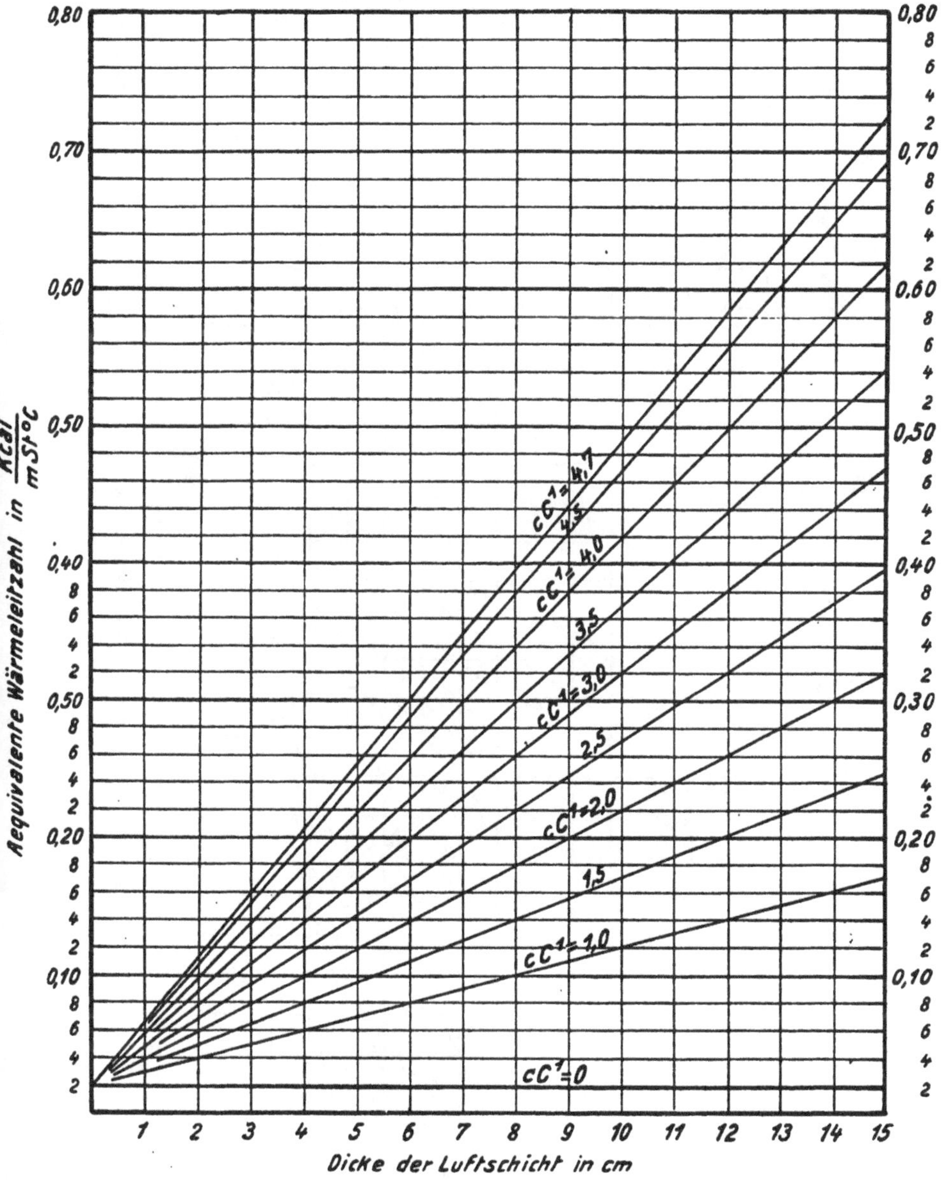

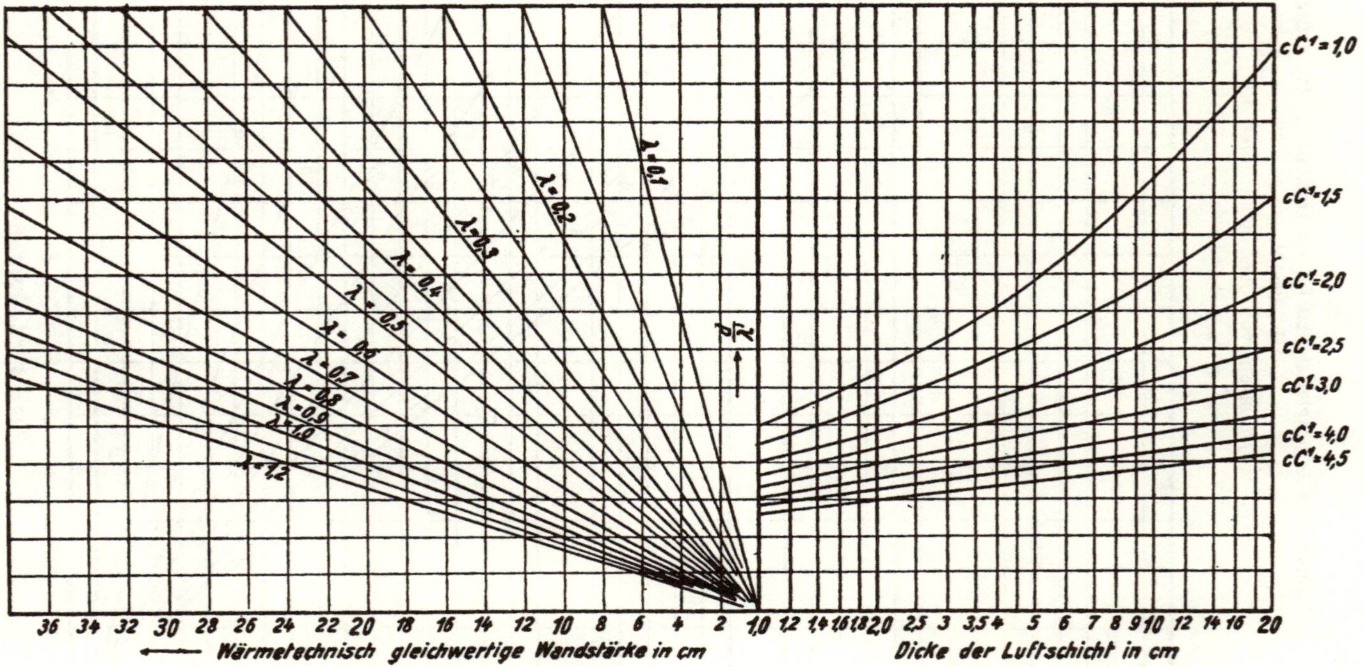

Fig. 14.

Graphische Darstellung der durch Luftschichten erzielbaren Baustoffersparnis.

(Beispiele hierzu Seite 39.)